探秘海洋

李储林　主编

海洋出版社

2021年·北京

图书在版编目（CIP）数据

探秘海洋/李储林主编. —北京：海洋出版社，
2021.12
ISBN 978-7-5210-0848-7

Ⅰ.①探… Ⅱ.①李… Ⅲ.①海洋-青少年读物
Ⅳ.①P7-49

中国版本图书馆 CIP 数据核字（2021）第 229093 号

策划编辑：方 菁
责任编辑：鹿 源
责任印制：安 淼
海洋出版社 出版发行
http://www.oceanpress.com.cn
北京市海淀区大慧寺路 8 号 邮编：100081
中煤（北京）印务有限公司印刷 新华书店北京发行所经销
2021 年 12 月第 1 版 2021 年 12 月第 1 次印刷
开本：787 mm×1192 mm 1/16 印张：14
字数：200 千字 定价：80.00 元
发行部：010-62100090 邮购部：010-62100072 总编室：010-62100034

《探秘海洋》编委会

主　编： 李储林

编　委： 黄祖亮　党安涛　梁　勇　何　伟　王继业
何乃波　杨俊杰　胡建廷

编写组：（按姓氏笔画排序）
马　哲　马玉鑫　代仁海　田敬云　孙晓春
李友训　姜　勇　赵喜喜　徐科凤　徐文东
徐　丛　黄　博　梁大勇

序

世界经济发展的历史，一个明显的轨迹就是由内陆走向海洋，由海洋走向世界，走向强盛。当前，世界正经历百年未有之大变局。以习近平同志为核心的党中央准确把握时代发展大势，统揽党和国家事业发展全局，以深邃的历史眼光提出了建设海洋强国的战略思想，阐明了建设海洋强国的重大理论和实践问题。建设海洋强国，向海洋进军，需要强大的海洋科技、军事、经济等硬实力做支撑，更需要海洋文化、海洋意识等软实力做基础。习近平总书记强调，“科技创新、科学普及是实现创新发展的两翼，要把科学普及放在与科技创新同等重要的位置”，并提出“要从娃娃抓起，使他们更多了解科学知识，掌握科学方法，形成一大批具备科学家潜质的青少年群体”。

海洋，作为资源富集的“聚宝盆”、现代科技的“新战场”、新兴产业的“策源地”、连接五洲的“大通道”，成为国际政治、经济、军事、科技等领域合作与竞争的重要舞台。从很大程度上讲，只有冲破传统海疆的束缚，在广阔的全球蓝海站稳脚跟，中国才算真正站到世界舞台的中央，中华民族才能实现真正的伟大复兴。

近年来，我国逐步加强国民海洋意识教育，全社会对海洋的关注度越来越高，但受历史上农耕文明在中国长期占据主导等因素影响，国民海洋意识整体还相对薄弱，青少年群体的海洋知识缺乏、海洋观念淡薄问题依旧严峻。只有加快引导全体国民树立正确的海洋意识，才能更好地经略海洋、建设海洋强国。“穷理以致其知，反躬以践其实”。加强海洋科普教育，尤其是在青少年群体中开展海洋科普教育，不仅是提升国民海洋文化素养、增强国民海洋意识的有效途径，更是发展海洋经济、维护海洋权益、实现中华民族海洋强国梦的重要保障，刻不容缓、意义重大。

中共山东省委、山东省政府以习近平总书记对山东工作的重要指示为根本遵循，深入贯彻落实习近平总书记关于建设海洋强国的重要论述，坚持面向深蓝、向海图强，将建设“海洋强省”作为八大发展战略之一，制定实施《山东海洋强省建设行动方案》，全面推进以增强民众海洋意识为主要内容的海洋文化振兴行动等海洋强省建设“十大行动”，把海洋资源优势切实转化为经济优势和高质量发展优势。

山东省海洋科学研究院（青岛国家海洋科学研究中心）立足自身特色，主动服务青少年海洋科普教育，从编辑高质量的海洋科普读物这项科普工作的“基础设施”建设入手，编写了这本《探秘海洋》。全书博采众长、包罗万象，观点明晰、数据准确，行文深入浅出，语言生动活泼，既注重科学性和严肃性，也充满趣味性和可读性。希望这本书能够带领读者，尤其是青少年读者走近海洋、认识海洋、了解海洋，唤醒根植内心的民族海洋情怀，在不远的未来实现中华民族探索海洋、开发海洋、经略海洋的海洋强国梦。

本书的编写分工如下：第一章，李友训、徐文东；第二章，黄博、孙晓春、赵喜喜；第三章，代仁海；第四章，孙晓春、徐科凤、田敬云、黄博；第五章，马哲、姜勇、徐丛；第六章，李友训、梁大勇、马玉鑫。

最后感谢北京海洋世界文化有限公司为本书绘制了多幅精美的图片。

唐波

2021 年 6 月 1 日

目 次

第一章 海洋的起源

地球是一颗美丽的“蓝色星球”，70.8%的表面被13.7亿立方千米的水体覆盖。在人类文明发展的历史进程中，哲学、自然科学等先后形成了独特又交叉的海洋认知理论。但直至现在，海洋的神秘面纱大多仍未揭开。海洋从哪里来？到哪里去？这个根源性和基础性问题，即使最前沿的自然科学也无法给出准确的答案。根据现有的科学证据，海洋的诞生与地球形成、太阳系运行及宇宙的发展演化密切相关，在更高一层的思想领域，也牵涉一系列悬而未决的哲学问题。总体来讲，海洋是地球演化到一定时期形成的，地球则是宇宙发展演化的产物。将海洋的起源与演化放到宇宙发展演化的坐标系中，能够加强我们对这些根源性问题的理解。

“地出”（Earthrise）——1968年12月24日，承担首次载人登月任务的“阿波罗8”号，在月球轨道拍到了月球表面背景下的地球照片，这张照片后来被认为是最有影响力的环境照片，也是美国时代周刊出版的《改变世界的100张照片》的封面照片

资料来源：https：//www. nasa. gov/multimedia/imagegallery/image_feature_1249. html

第一节　大爆炸与地球的起源

一、浩瀚的宇宙及其起源

对于人类而言，海洋是巨大的。覆盖面积 3.6 亿平方千米，蓄水量 13.7 亿立方千米，平均水深 3 795 米。然而，地球上的海洋，乃至整个地球，在浩瀚的宇宙中连“沧海一粟”可能都算不上，质量占比甚至可以忽略不计。

（一）宇宙是什么

究竟什么是宇宙？宇宙是一个广阔而奇妙的存在。从广度来讲，宇宙无限大，没有边界。在现代物理学上，宇宙指所有时间、空间、物质的总和。宇宙中，我们能看到的物质被称为“重物质”，主要包括星系、气体云和星团等。此外，在宇宙中占质量主体的是看不见的“暗物质”和“暗能量”。

1. 行星

依照 2006 年国际天文学联合会大会通过的决议，“行星”指的是围绕恒星进行合规性运转，自身引力足以克服其刚体力而使天体呈圆球状，并且能够清除其轨道附近其他物体的天体。例如，太阳系八大行星中质量最小的是水星，其质量也达到了 3.302×10^{23} 千克。

2. 恒星

恒星是由发光等离子体——主要是氢、氦和微量的较重元素构成的巨型球体。当我们仰望星空时，看到的星星大多都是恒星。人们能看到的来自其他星系的可见光，也大部分来自恒星。但恒星仅仅是构成宇宙的一小部分，总质量约占整个宇宙的 0.4%。

3. 气体和尘埃

气体约占宇宙质量的4%，主要分布在恒星之间，占据星系间的空间，是宇宙中可以直接测量的大部分质量。星际气体主要是自由元素氢和氦。

4. 星系

星系是构成宇宙的基本单位，指数量巨大的恒星系及星际尘埃组成的运行系统。目前已命名的星系包括银河系、大仙女座星系、室女座星系群等。

5. 暗物质

暗物质是宇宙中质量占比第二的物质，约占宇宙质量的22%。到目前为止，人类还无法直接或间接检测暗物质，也无法在实验室中创建暗物质。

6. 暗能量

暗能量是宇宙中最丰富的内容，约占宇宙质量的73%。暗能量是宇宙运动的驱动能量，人类无法直接使用现有的技术对其进行观测。

（二）宇宙起源理论

1. 古今宇宙起源理论概述

古今中外，对于宇宙的起源产生过多种学说。古希腊思想家亚里士多德认为，宇宙是无限的，没有开端，源头已不可追溯。他的观点影响了西方2 000多年，直到牛顿、开普勒等提出系统性的现代科学理论，才逐渐退出历史舞台。2 000多年之前，我国老子等思想家开始用“空”或“无”的思想解释天地万物。公元2世纪，古希腊数学家、天文学家、地理学家克罗狄斯·托勒密编写《天文学大成》，提出了地心体系宇宙理论。现代理论物理学家霍金则认为，宇宙是有规律的，但是有些规律人类无法理解。目前，大爆炸理论（the Big Bang Theory）是现代宇宙学中认可度最高的学说。

古希腊数学家、天文学家、地理学家克罗狄斯·托勒密（约90—168年）

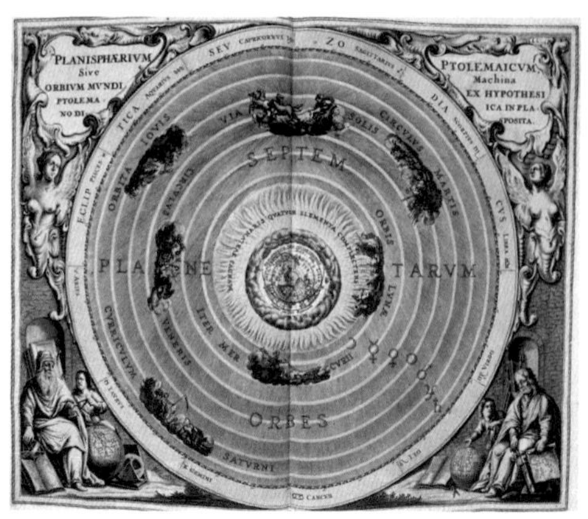

托勒密的“地心说”宇宙图

2. 宇宙大爆炸理论

1927 年，比利时天文学家、宇宙学家、大爆炸理论之父——乔治·勒梅特首次提出了宇宙大爆炸假说，认为宇宙开始于一个小的原始“超原子”的灾变性爆炸。1929 年，美国天文学家埃德温·鲍威尔·哈勃根据假说提出哈勃定律，明确了星系的红移量与星系间的距离成正比的观点，并提出星系都在互相远离的宇宙膨胀说。哈勃定律认为整个宇宙在不断膨胀，星系彼此之间的分离运动也是膨胀的一部分，而不是由于任何斥力的作用。哈勃是星系天文学的创始人和观测宇宙学的开拓者，被称为星系天文学之父。1946 年，俄罗斯裔美国物理学家乔治·伽莫夫将爱因斯坦的广义相对论融入宇宙理论中，正式提出大爆炸理论。

首次提出宇宙大爆炸理论的比利时天文学家、宇宙学家乔治·勒梅特（1894—1966 年）与爱因斯坦的合影

星系天文学之父，美国天文学家埃德温·鲍威尔·哈勃（1889—1953 年）

河外星系

乔治·伽莫夫（1904—1968 年）

宇宙大爆炸与膨胀模型

根据大爆炸理论，在大爆炸之前，宇宙中现在所有的物质和能量都被包含在一个奇点中。这个奇点具有极高的温度和无限密度。约于 137 亿~150 亿年前发生了一次大爆炸，爆炸以后温度逐渐降低，时间和空间逐渐发生膨胀，发展形成今天的宇宙。早期的宇宙是一大片由微观粒子构成的均匀气体，温度极高，密度极大，并以很高的速率膨胀着。这些气体在热平衡下有均匀的温度，称为宇宙温度。气体的绝热膨胀将使温度进一步降低，使得原子核、原子乃至恒星系统得以相继出现，继而不断发展演化。

据美国国家航空航天局报道，宇宙中的星系数量达百亿级

二、太阳系及原始地球的形成

在太阳系中，海洋的位置不再是沧海一粟，变得比较清晰。毕竟地球作为太阳系八大行星之一，蓝色星球的美誉就在于表面覆盖的广袤海洋。地球距离太阳约 1.5 亿千米，是太阳系中距离太阳第三近的行星。

1. 太阳系形成学说

同宇宙起源理论的发展历程相似，人类对太阳系和原始地球形成的认识也存在一个不断深化的过程。15 世纪以来，已经产生了漩涡、灾变、双星等理论。法国哲学家、物理学家笛卡尔认为太阳、行星及卫星都是在涡流中形成的。一个大的主涡流中的物质聚集形成了太阳，环绕它的次级涡

太阳及八大行星相对位置图

流中的物质聚集形成了行星，环绕次级涡流的更小涡流中的物质聚集形成了卫星。法国博物学家布封提出“灾变假说”，认为行星是由大彗星从太阳表面撞击出的物质形成的。新西兰天文学家毕克顿认为，恒星与太阳相碰，碰撞出的物质凝聚成了行星。双星学说认为，宇宙中的恒星几乎全都存在于以双星为主要组织形式的天体系统之中。目前，居统治地位的理论是康德-拉普拉斯星云说。

2. 康德-拉普拉斯星云说

1755年，德国古典哲学家、天文学家伊曼努尔·康德出版《自然通史和天体论》，提出了“微粒假说”。1796年，法国天文学家和数学家皮埃尔·西蒙·拉普拉斯出版《宇宙体系解说》，提出了与康德“微粒假说”类似的“星云假说”。

根据这一派学说，宇宙在大爆炸发生后10亿年开始冷却，逐渐出现了星系。随后，星系内云雾状的尘埃、气体、星云开始聚集形成恒星。大约50亿年前，一个由气体和固体微粒组成，不断旋转着的庞大原始星云，在自身引力作用下不断收缩，形成最初的太阳系。其中大部分物质聚集形成了质量很大的原始太阳。少量稀疏的物质或星云仍然围绕原始太阳加速旋转，不断集中到原始太阳的赤道面，在物质间相互碰撞、相互吸引等作用下，逐步聚集在一起，物质汇集量不断增加，最终形成了行星、卫星及其他小天体。

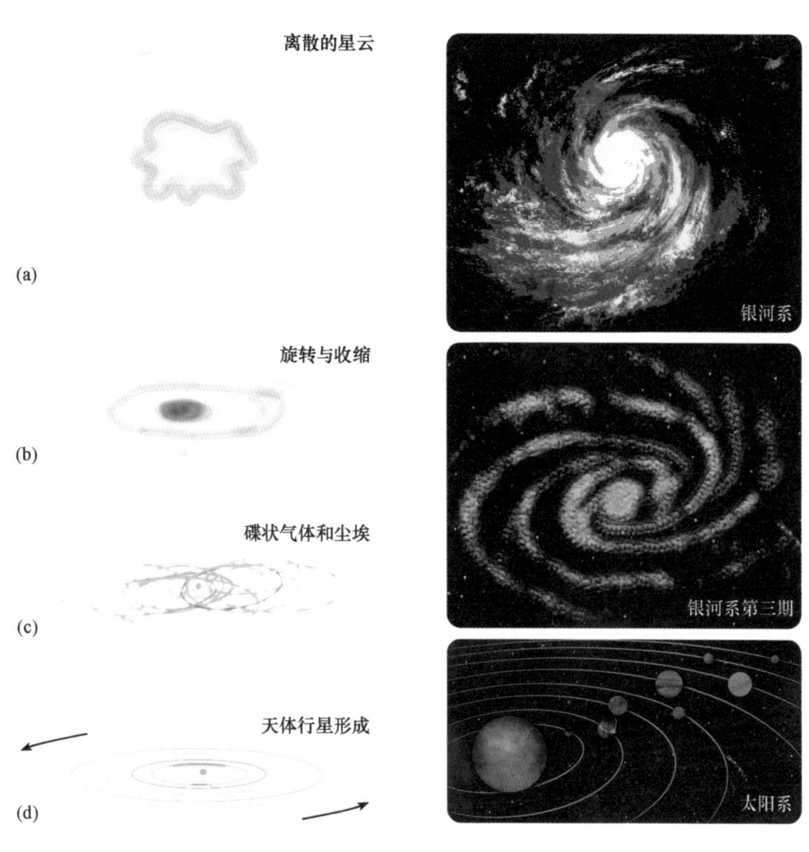

太阳系的形成过程

德国哲学家、天文学家伊曼努尔·康德（1724—1804 年）

法国数学家和天文学家皮埃尔·西蒙·拉普拉斯
（1749—1827 年）

康德-拉普拉斯星云说

三、地壳与地核的形成

1. 当今地壳与地核

地壳是当今地球表面的固体圈层。整个地壳平均厚度约 17 千米，其中大陆地壳厚度较大，平均为 39~41 千米。高山、高原地区地壳更厚，最厚可达 70 千米。平原、盆地地壳相对较薄，大洋地壳则远比大陆地壳薄，厚度只有几千米。地核是地球的核心部分，位于地球最内部，半径约有 3 470 千米。地核主要由铁、镍元素组成，密度非常高，地核物质的平均密度大约为每立方厘米 10.7 克。地核温度非常高，约在 4 000~6 800 摄氏度。地壳和地核的分层并不是地球一开始就有的，而是在地球长期的变化中形成的。

2. 地壳与地核的形成和演变

根据太阳系形成的康德-拉普拉斯星云说，大约在 60 亿~50 亿年之前，刚从星云中产生的原始地球，像是一个均质的球体。当时的地球质量还不到现在地球质量的一半，表面没有海洋和陆地的区分，也没有形成不同热度和不同密度的圈层。随着地球内部聚集的星云物质不断碰撞，外来天体碰撞带来大量能量，以及短寿命同位素的衰变，产生大量热量，引发了原始地球的加热过程。根据相关研究，原始地球形成时温度曾达 2 000 摄氏度。铁、镍等金属元素被融化，在重力场的作用下流向地球内部，不断压缩结合成为原始地核。比重比较小的硅、氧等元素上浮遇冷形成地幔和地壳。

地球分化分层的过程可能延续了几亿年的时间。在此期间，地幔不断向地壳提供岩石类物质，也不断向地核提供铁、镍等高密度元素。经过漫长的历史时期，地壳逐渐增厚，逐渐再分化，地核也不断增大。地核、地幔、地壳等结构的形成，为地球内部圈层以及水圈大气圈的形成演化奠定了整体架构和物质基础。目前的研究发现，地球上最古老的岩石大概出现

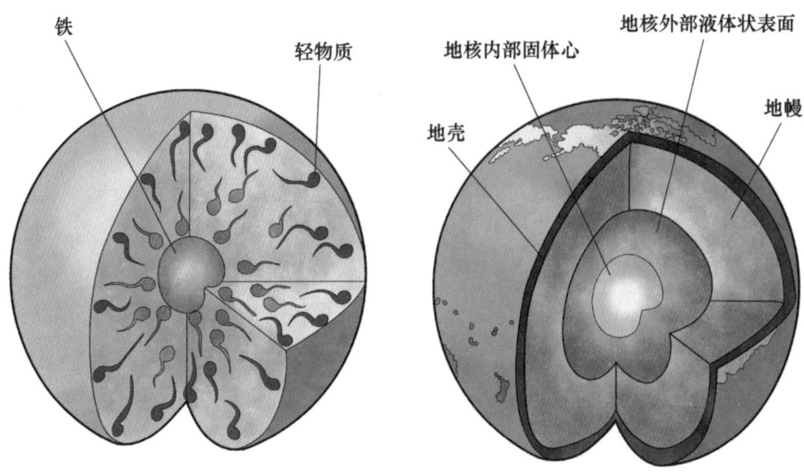

地核与地幔的形成

资料来源：https：//wisp. physics. wisc. edu/astro104/lecture28/lec28_print. html

在 40 亿年前。也表明地球可能直到 40 亿年前才充分冷却，才具备了形成大面积稳定地壳的基础条件。

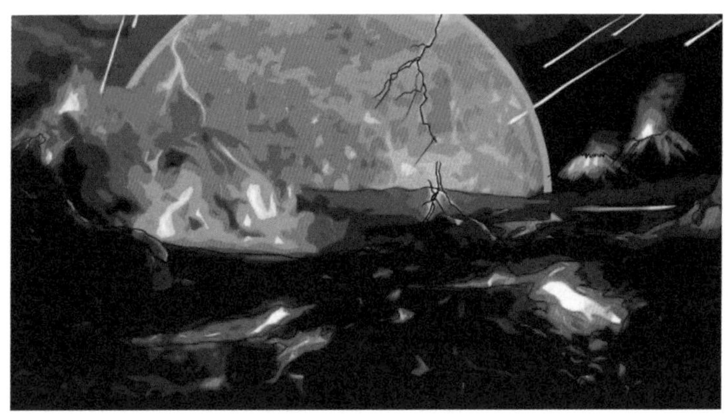

前太古代的地球表面

资料来源：https：//www. pmfias. com/geological-time-scale-hadean-archean-proterozoic-phanerozoic/#Hadean_Eon

第二节　水的来源

一、水是形成海洋的基础

如今地球上覆盖广袤的海洋，陆地上奔腾着千万条河流，还分布着蓄水量极大的极地雪山。这些自然系统主要成分是水，目前地球上水的总体积约为14.2亿立方千米。如果将这些水平均分布于地球表面，相当于地球整个表面覆盖着一层平均深度为2 650米的水。目前地球上的水98%是咸水，主要分布在海洋中。淡水只约占地球水总量的2%，约有3 000万立方千米。

那么，这些水是从哪里来的呢？在地球形成的最初时期，太阳阵风非常猛烈。地球表面氢、氦等为主的挥发性气体密度低、质量轻，全部被太阳阵风吹走，大多聚集到木星等质量更大、自身引力更强的天体附近。在这种情况下，当时地球表面不具备产生水的条件。任何解释海洋形成的学说，必须先解决一个基础科学问题，那就是地球上的水是从何而来的？地球表面水的来源，也一直是天文学和地质学长期争论的重要科学问题。目前主要存在外来和内生两种假说。

二、外源学说

外源学说认为，地球上的水大多来自外部。宇宙之中存在很多含有水的小行星、彗星、陨石，太阳系和地球刚刚形成的时候，周边的天体运行平衡十分不稳定。有一批行星胚、彗星、陨石进入太阳系，随后撞击在地球表面或撞入地球大气层，从而将宇宙中的水带到地球上来。根据目前广为接受的观点，地球上90%的表面水是由行星胚、彗星、球粒陨石等外来天体运载过来的，主要运载时间跨度从星云吸积产生地球，一直到吸积末期。

1949年，美国天文学家弗雷德·惠普尔提出“脏雪球模型”，认为彗

小行星和彗星撞击地球或大气层带来水

资料来源：https：//owlcation. com/stem/On-the-Origin-of-Earths-Water

星是由冰冻的固态气体分子（水、简单烃类、二氧化碳等）夹杂细尘粒组成，组织疏松。2015 年，欧洲空间局罗塞塔探测器在格拉西门克彗星表面上发现了 120 块明亮的覆盖物质，初步分析表明，这些物质可能是水冰。这一发现，成为彗星表面存在冰物质的一个直接证据。

据科学家猜测，行星胚、来自木星和土星之间的彗星是地球第一批送水者。当时地球的质量还没有达到现在的一半，正随着吸积作用不断增大，过程中不断有行星胚、陨石等天体撞入地球。这些天体最初是在小行星带外围形成，在地球形成的最后阶段被地球积聚，将水带到地球上。此外，来自太阳系边缘的柯伊伯带以及太阳系更外围的奥尔特星云等区域的彗星也给地球带来一部分水分。

三、内生学说

除了行星胚、彗星及陨石等天体带来的水，还有一种学派认为，地球自诞生以来就拥有一部分水，这种学派也分为不同的观点。

有一种观点认为，在太阳和地球诞生之初，在岩浆结晶过程中，挥发物如水和二氧化碳积聚在剩余的熔体中，藏在地球内部，躲开了猛烈太阳阵风的清洗。随后，在漫长的地质历史时期，地球经历了漫长的排气过程，这一过程目前还在继续。排气包括火山喷发和熔岩流，在大部分地质时间内，挥发物通过排气不断逃逸到地球表面。在地球诞生之初，整体温度非常热，火山活动比现在要活跃得多。在40亿年后的今天，大部分排气过程变得越来越温和。比如，现在的温泉可能是“过量”挥发物从下面的冷却岩浆中逸出的渠道之一。

还有一种观点认为，地壳风化能够释放地球内部蕴藏的水。美国科学家康拉德·克劳斯科普夫在《地球化学概论》中提出，整个地壳的质量为 2.4×10^{22} 千克，按照含水度1%计算，全部风化产生的水分也不超过当今全球表面水储量的10%。因此，他认为内源水不太可能是今天地球上水的主要来源。

此外，2014年，加拿大科学家通过对罕见矿石分析，证实地幔深层含有大量水资源，深度为地下400~600千米。猜测地幔蓄水量有可能等于海洋水量的总和。地球表面每年都会有大量的水流入地球内部，通过地壳到达地幔，最后又通过地壳运动来到了地面，形成完美的水循环系统。

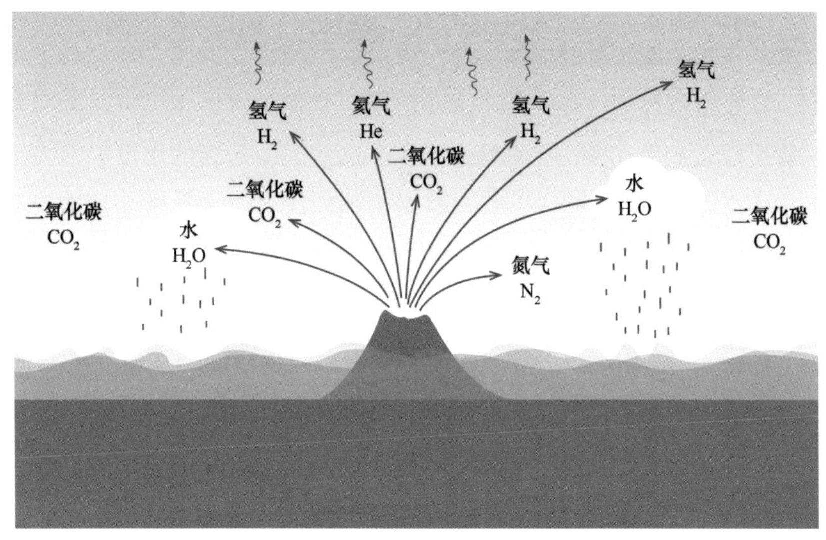

火山喷发将地球内部水以及氢等成水气体排入大气层

第三节　原始海洋的形成过程

当代自然科学认为，海洋在生命的起源与进化中发挥着关键作用。研究表明，地球上第一批有机分子可能出现在海水中，尤其可能起源于海洋热液系统附近。此外，在漫长的生命进化过程中，海洋的存在，在彗星、流星等对地球重度碰撞轰击时，对生命进行了有效的庇护。在给予生命演化充分庇护的同时，海洋本身也经历了复杂的形成和演化过程。对于这些过程，以目前的科学知识还不能完全解释。科学研究表明，大气海洋系统成型于地球历史的前 7 亿年。这一时期被称为“前太古代”。主要特征是年轻的地球构造活动非常剧烈，彗星、小行星和陨石等天体频繁撞击地球，那个时代的地质历史记录，几乎都被这些作用抹去。目前，能找到的“前太古代”地质记录只有西澳大利亚发现的少量碎屑锆石。

一、星际输水与行星撞地球

大约 45 亿~44. 5 亿年前，大量含有碳质的小行星胚、球粒状陨石、彗星在吸积作用下撞击原始地球。这一时期，地球温度极高，表面处于熔化状态。在撞击过程中，这些外来天体汽化，它们蕴含的水、有机分子等挥发性物质散布在大气中。据科学家测算，这些天体运载的水量远远大于地球上现代海洋储存的水量。估计当时输送到地球上的水有 50%被强烈的紫外线辐射解离为氢和氧。当然，这些小行星胚、彗星和陨石对地球大气层的撞击也会产生水的损失。

大约在 45 亿年前，一颗与火星大小相当的小行星“忒伊亚”猛烈撞击地球，撞击的碎片堆积形成了月球。这次撞击给地球带来巨大的热量，据科学家计算，总热能可达 4×10^{31} 焦耳。经换算，每千克地球质量可受到 7×10^{6} 焦耳加热。碰撞的结果使原始地球温度达到了 2 000 摄氏度，导致地球表面硅酸盐融化汽化，形成气态硅酸盐大气层。在随后的几千年，硅酸盐气体才冷却并沉淀下来，形成了主要由水蒸气和二氧化碳等组分构成的

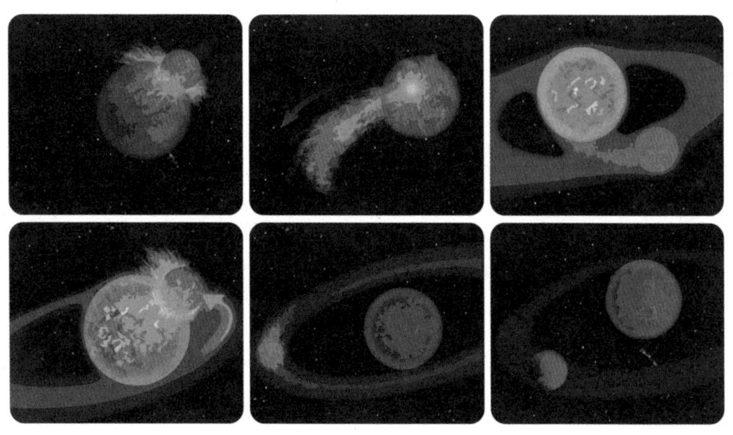

大约 45 亿年前，一颗与火星大小相当的小行星“忒伊亚”猛烈撞击地球，带来巨大热量，撞击的碎片堆积形成月球

大气层。

二、失控的温室效应与地球表面热量平衡

硅酸盐大气冷却沉降之后，地球表面和大气层的温度仍然很高。地球表面的水和二氧化碳仍然全部处于气体状态，分布在大气层中。此时地球表面的水蒸气大气分压可能达到 270 巴①，二氧化碳分压可能在 40~210 巴之间。大气中巨大的水和二氧化碳含量，形成了一种失控的温室效应，不断捕获太阳能，使地表与低层大气温度不断增高，能够维持地球表面的融化和汽化温度。

但是，这种温室效应捕获的太阳能，也需要与地球内部流出的地热能补充，才能保持地球表面的热量收支平衡。当来自地球内部的热流小于每平方米 150 瓦特时，这种热量平衡难以为继。整个地球表面温度逐渐下降，失控的温室效应就不能够继续维持了。大约又经过了几百万年的时间，地球表面的温度下降到 1 000 摄氏度左右。在这个温度下，在地球表面能够形成一个以玄武岩为主要成分的固体边缘。这个固体边缘将大气层与地球

① 1 巴（bar）= 100 千帕（kPa）= 10 牛顿/厘米^2（N/cm^2）= 0.1 兆帕（MPa）。

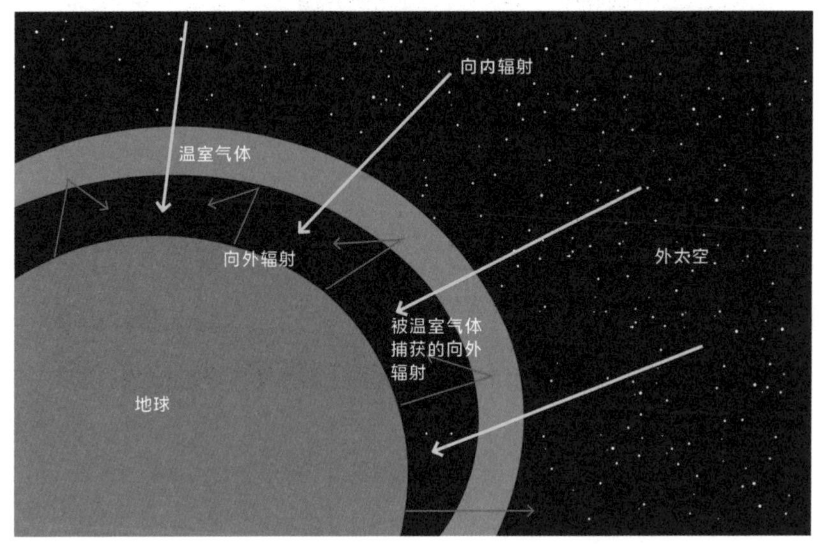

大气中巨量的二氧化碳等气体产生失控的温室效应

内部的高温环境隔开，使水在地球表面的冷却凝结成为可能。

熔岩喷发遇冷形成玄武岩

三、持续酸雨形成原始海洋

大约在44亿年前，地球表面的固体边缘开始大范围形成，地球内部热量与大气层的隔离范围不断扩大。原有温室效应的平衡也难以为继，大气层逐步降温。但当时的大气压远远高于当今地球的大气压，高达几百巴。因此，水的沉降温度远远高于100摄氏度。据科学家分析，当时水蒸气在326摄氏度左右开始凝结、沉降，形成连续的酸性暴雨和大洪水。一项研究表明，当时的降雨量达到每年7 000毫米，相当于现在热带纬度地区雨量的10倍。持续大量暴雨经历了1 000年左右，形成的大洪水在地壳表面堆积形成了原始海洋。此时地表部分位置仍有大量熔岩喷出，与水中的二氧化碳产生剧烈反应。大气、原始海洋的温度仍然高达几百度。据目前的研究，地球上最嗜热的极端微生物，生存的最高温度在80～110摄氏度。因此，当时地表环境明显偏酸性，温度也远高于生命孕育的环境，仍不具备诞生生命的环境条件。

第四节　原始海洋到现代海洋的演变

从原始海洋形成到今天，地球构造不断演变，地球表面环境沧海桑田。科学研究表明，海洋容量和海水体积没有发生大的改变，但温度、pH值、氧化还原特征和盐度可能都发生了天翻地覆的变化。根据现有的科技水平，海洋演变的具体过程和细节，还无法准确解析。尤其是中生代以前的地质记录很难找到。但部分开创性研究，已经揭示了部分转变规律。

一、海水温度明显下降

据美国国家气象数据中心数据，现在全球海洋的平均水温在17摄氏度左右。世界表层海水温度最高的地方在亚洲阿拉伯半岛与非洲大陆之间的红海，平均水温最高为32摄氏度。在南北两极、在水深3 000～4 000米处，海水温度一般在2至零下2摄氏度之间。40亿年间，海洋温度从最初的全面高于230摄氏度下降到今天的温度，表层平均水温下降213摄氏度，极地及海洋深部的温度则下降230摄氏度以上。

根据现有的科学证据表明，在地球和海洋形成早期，海洋温度下降较快。海洋温度下降主要存在两个原因：一是地球表面不断硬化，地壳不断增厚，地质构造活动频率不断降低，从地球内部排出的热量不断减少；二是在这个过程中，二氧化碳通过岩浆活动和水岩相互作用，不断固化，海-气循环中的二氧化碳含量逐渐减少，进一步降低了温室效应。

大约在42亿~43亿年前，地球上形成了基本稳定的海洋，大气和海水温度也下降到了100摄氏度左右。据目前的研究考证，根据地球极端环境中的嗜热菌的生存条件要求，此时的海洋已经具备了孕育原始生命的基本温度条件。在生命诞生之后，熔岩等地质构造作用逐步减弱，生物固碳作用不断加强，生物固碳成为海-气环境中二氧化碳移除的重要途径。

太古代海洋与陆地交界处

二、酸性海洋演变为碱性海水

现代海洋中，海水普遍呈弱碱性，pH值一般在8.0~8.5，变化不大。其中表层海水pH值通常稳定在8.1±0.2，中层和深层海水一般在7.5~7.8之间变动。海水具有弱碱性的原因是弱酸性阴离子的水解作用。18 世纪以来，随着人类活动排放的酸性气体越来越多，海水 pH 值下降了 0.1，海水酸性的增加，已经对贝类和珊瑚等多种海洋生物乃至生态系统造成巨大威胁。

让我们难以想象的是，在太古时代，在原始海洋刚刚形成的时候，海水是酸性和无氧的。当时大气中二氧化碳浓度非常高，海水中的二氧化碳与大气中的二氧化碳形成动态平衡，其酸化程度可想而知。根据目前主流学术观点，初始温度为 200～230 摄氏度的海洋的 pH 值范围在 4.8～6.3，酸性很强。到太古代晚期，海水酸度下降，pH 值大概达到 7 左右。

此外，缺氧的海洋大约持续了 20 亿年。受高度还原的大气环境影响，太古代的海洋环境呈现高度还原性。大约在距今 20 亿～30 亿年前，由于原始植物光合作用等原因，海洋大气循环中的氧不断增加，海洋从缺氧和酸性状态演变为碱性和含氧海洋。

三、海水盐度普遍降低

现代海洋中，海水的口感又苦又咸。其原因是因为海水中含有矿物质，平均每立方千米的海水中有 3 570 万吨的矿物质。海水中氯化钠、氯化镁、硫酸钾、碳酸钙等总浓度在 3.5%左右，其中主要成分是氯化钠。世界上盐度最高的海域是红海，盐度在 36～38。红海地处亚热带、热带，气温高，海水蒸发量大，而且降水较少，两岸没有大河流入，因此这里的盐度高于全球其他海域。

海水中的盐分有两大来源，大陆地壳的风化和海洋热液作用。伴随着 40 亿年来的地质构造变迁、环境变化和物质交换，海水的盐度和无机离子含量也发生着不断变化，总体趋势是无机盐浓度逐渐降低，海水不断淡化。例如，在太古代，缺氧-富铁是当时海水的主要元素特征，到中古代海水转变为贫铁-富硫状态。推测其关键原因，应该与氧在海洋中的浓度变化有密切关系。一项研究表明，在 35 亿年前的海水中，钠元素与氯元素的比值与现今海洋相同（0.858）。但当时海水中氯化钠总量比现代海水高，达到当今盐度的 165%。此外，一些其他重要金属、卤素等元素变化也比较大。例如，35 亿年前，海水中二价钙离子和二价锶离子浓度分别是现今海洋的 22 倍和 50 倍，卤素溴和碘的含量分别是现代海水的 2.6 倍和 74 倍。

第二章　神秘的海洋

第一节　大洋盆地的形成和演化

广袤的海洋虽然只是地球的一部分，却承载了整个地球的演化历史，1872—1876 年英国“挑战者”号环球海洋科学考察开启了人类对大洋的第一次科学探索，这次科学考察总航行近 7 万海里，首次记录了超过 4 000 种各类生物，发现了地球大洋万米深渊——“挑战者深渊”。20 世纪 60 年代开启的深海钻探计划、国际地质对比计划、大洋钻探计划等全球性大洋调查计划，推动人类探索的脚步继续向深海（水深 6 000 米以下）挺进，1977 年，科学家们发现了海底“黑烟囱”热液生态系统，它们无需光合作用，无需以植物为食，在温度高达几百摄氏度的海底黑烟囱处，蠕虫、蛤类、蟹类、水母和藤壶等生物群落生机盎然，这些神秘世界的新发现，不断刷新人类的认知。

“登天易，下海难”，大洋探索随深度的增加，难度呈几何倍增长，万米海底单个指甲盖要承受接近 1 吨物体的重压，突破极压、极寒和黑暗的环境几乎等同于登月的难度，目前人类已突破深海载人万米壁垒，但对它的认知仅是冰山一角，更广阔的海洋待我们去开发。

一、大洋盆地的形成

对于大陆大洋的形成，人类长期以来都有着不同的假设。20 世纪初，德国地质学家阿尔弗雷德·魏格纳提出了大陆漂移说，向我们解释了地球面貌基本轮廓的成因，并展示了大陆有分有合、海洋有生有灭的活跃的地

海底探秘

球历史图景。

（1）大陆漂移说。17 世纪，英国哲学家弗朗西斯·培根（Bacon, 1620）提出非洲和秘鲁西海岸轮廓大致吻合的想法。

弗朗西斯·培根

法国施奈德（A. Snider，1858）在《地球形成及其奥秘》中首次把大西洋两岸大陆拼合起来，并发现了欧、美两洲古生代煤层中的化石证据。1908 年，美国贝克曾提出：2 亿年前，所有大陆曾围绕南极大陆联结在一起。1910 年，美国泰勒也曾发表了一系列论述大陆水平漂移的论文，他推断，亚洲曾从赤道向北漂移，而美洲则向西漂移过。1912 年，德国气象学家阿尔弗雷德·魏格纳在《根据地球物理学论地质轮廓（大陆及海洋）的生成》和 1915 年在《海陆的起源》中依据海岸线形态、地质构造、古气候和古生物地理分布等，全面系统地提出“大陆漂移说”，即大陆彼此之间以及大陆相对于大洋盆地间的大规模水平运动。

阿尔弗雷德·魏格纳（1880—1930 年）

魏格纳认为，在距今约 5. 7 亿~2. 3 亿年前，全地球只有一块巨大的陆地——“Pangea”（联合古陆），周围都是汪洋大海，距今约 2. 5 亿年前，联合古陆开始分裂、漂移，逐渐成为现在的几个大陆和无数岛屿，原始大洋则被分割成了几个大洋和若干小海。为了证明“大陆漂移说”，魏格纳从地质学、生物学和古生物学、古气候学以及化石等方面收集了证据。

大陆形状的契合证据　大西洋两缘的海岸线弯曲形状极相似，从地形轮廓可以看到清晰的边界，契合度较高。若使两岸大陆相向移动可以拼合起来，就像一张撕开的报纸。

岩石证据　如果把大西洋两岸陆块拼接在一起，非洲最南端的开普山

脉恰可与南美的布宜诺斯艾利斯低山相衔接。巨大的非洲高原与南美巴西的高原遥相对应，两者所含的沉积岩、火成岩以及褶皱延伸方向基本一致。

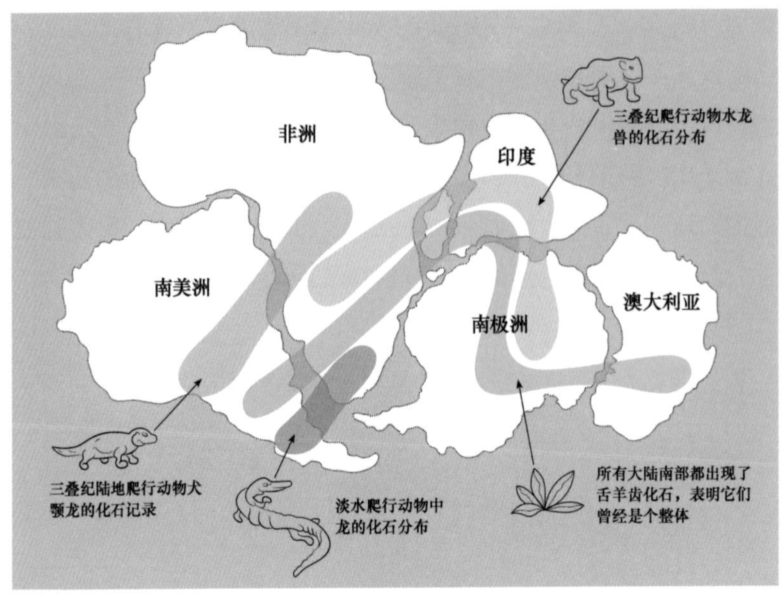

跨大陆的动物群落和化石分布一致（@ Osvaldocangaspadilla）

古生物的化石证据　魏格纳发现联合古陆及某些动物群的分布一致。但魏格纳对陆壳是漂浮在地幔上进行漂移的动力机制没有给出令人信服的解释，这在很大程度上是因为在20世纪初的技术手段很难知道世界海洋盆地的性质、地球软流圈和岩石圈结构的物理特征。

（2）海底扩张说。20世纪30年代，英国地质学家霍姆斯（A. Holmes）为了使当时正陷于找不到合理的动力机制来说明大陆移动现象的魏格纳摆脱困境，便想到了古老的“地幔对流”想法，他认为地幔对流的上升流处地壳裂开，形成新的洋底。对流的下降流处地壳挤压，形成山脉。第二次世界大战后，回声测深、地震、重力、磁力和地热等技术方法被广泛应用于海洋地质研究，研究发现洋底物质组成不同于大陆，洋底未发现老于侏罗纪的岩石，动摇了传统观念。1954年，美国海洋地质学家哈利·哈蒙德·赫斯（H. H. Hess）发现了太平洋底存在海底平顶山

（Guyot），他在1962年发表了著名的《大洋盆地的历史》，首次提出“海底扩张说”，此后科学家们从热点、转换断层等其他不同的途径，进一步寻找到海底扩张理论的一系列新证据，海底扩张说的主要内容是洋中脊是海底扩张的策源地。在那里，地幔上升流使大陆裂开，大洋中脊是热流上升而使海底裂开，地幔物质涌升的出口，并伴随新的涌出向两侧扩张形成新的洋底。洋底的扩张是在地幔物质的热对流的动力作用下，岩石圈块体驮在软流圈上运动的结果。

海底扩张学说提出了洋底不是固定不变的新思想，但没有解决扩张的机理。

海底扩张示意图

（3）板块构造学说。板块构造学说是大陆漂移和海底扩张说的引伸和发展，它集现代科学和技术之大成，是多学科交叉综合产生的现代大地构造理论。不同于大陆漂移学说以海岸线对大陆地壳划分，板块构造说是以地质构造，如洋中脊、俯冲带等作为依据，1965年加拿大学者威尔逊（J. T. Wilson）提出一种新型断层——转换断层，为板块构造学奠定了重要的理论基础。1968年，英国学者麦肯齐（D. P. Mckenzie），美国学者摩根（W. J. Morgan），法国学者勒皮雄（X. Le Pichon）进行了板块划分，在20世纪60年代开始的一系列钻探计划的支撑下，形成了目前公认的板块构造学说的基本内容，板块构造学说将整个地球岩石圈划分为若干不同规模的刚性块体，称岩石圈板块，受深部地幔物质对流驱动进行板块运动，板块构造学说是目前公认度较高的理论，比较成功和简洁地回答了以下几个问题。

1. 板块是如何运动的？

固体地球上层可划分为物理性质截然不同的两个圈层——岩石圈和软流圈。岩石圈是由数个彼此相对移动的大而薄的、相对坚固的“板块”组成，是地球的外壳，较冷且较坚硬，软流圈位于岩石圈的下层，是流体状、黏弹性固体，较热且较易流动。

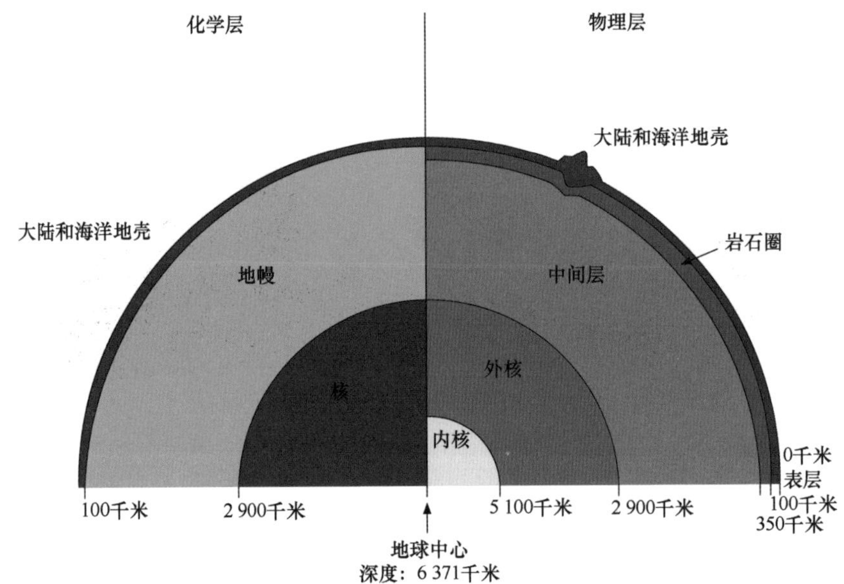

岩石圈和软流圈化学和地质划分

目前，科学家认为板块运动的驱动力主要来自于地幔对流、软流圈的对流与刚性上覆岩石圈之间的摩擦带动以及洋壳形成后的板块拉力。

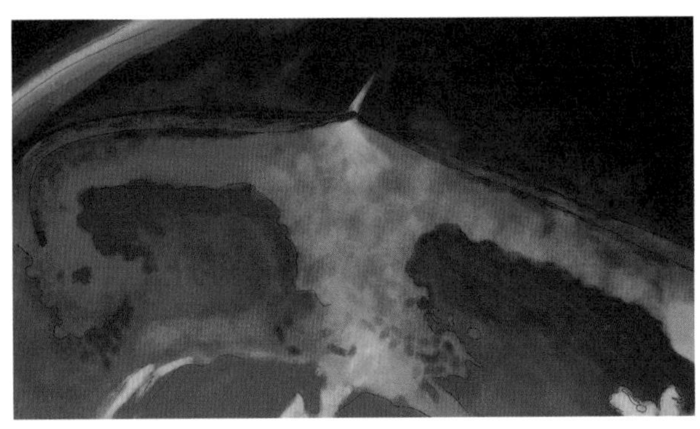

地幔对流

2. 岩石圈板块是如何划分的？

自30多亿年前地表被海洋覆盖开始，板块运动就轰轰烈烈地展开了。岩石圈板块横跨地球表面做大规模水平运动，所有的陆地，都在这30亿年激烈的板块碰撞中隆升组合，因为新板块的诞生而分裂，又被海洋打磨出了平滑清晰的边界。

通过近几亿年的大陆分裂聚合的过程，陆地海岸线随着一系列造山运动发生了变化，但海陆变迁形成的大陆架却一直保留到了现在。这个过程一直处于持续变化中，大约在1 400万年前，形成和目前差异不大的大洋大陆形态。

岩石圈被分为大小不一的板块，按照板块划分面积的大小，有不同的划分方式。

六分板块：据勒皮雄（X. Le Pichon）等的观点，全球岩石圈可分为六大板块——亚欧板块、非洲板块、美洲板块、南极洲板块、印度洋板块和太平洋板块。在六大板块中，只有太平洋板块基本是由大洋岩石圈组成，其他板块均由大洋和大陆岩石圈组成。其中，大西洋被大洋中脊切分，一半并入美洲板块；一半并入亚欧板块和非洲板块。印度洋由洋中脊分割为非洲板块、印度洋板块和南极洲板块。

后来的研究又将美洲板块划分为北美板块和南美板块的七分板块。根据地震带的分布及其他标志，又进一步划出纳斯卡板块、科科斯板块、加勒比板块、菲律宾海板块等次一级板块。

二、大洋盆地的演化（威尔逊旋回）

现在地理形态的太平洋、大西洋、印度洋、北冰洋、南大洋是如何形成的？

加拿大学者威尔逊（Wilson）将大洋盆地的形成和发展归纳为6个阶段，包括胚胎期、幼年期、成年期、衰退期、终了期和遗痕期。前3个阶段是大洋形成和扩展期，后3个阶段是大洋收缩和关闭期，这就是著名的

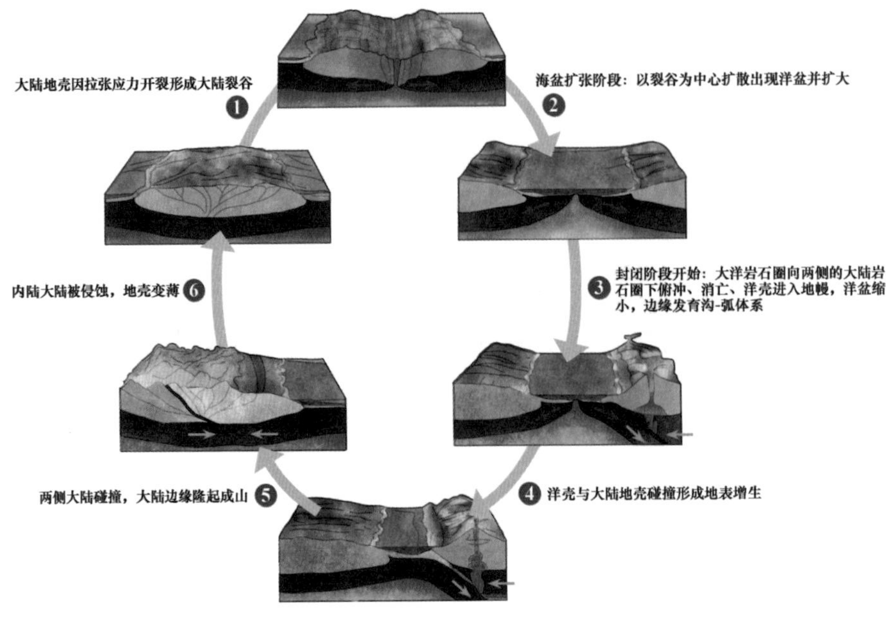

威尔逊旋回

“威尔逊旋回”（Wilson Cycle）。根据“威尔逊旋回”，现今的大西洋和印度洋正在扩展，太平洋则处于收缩阶段。

（一）大洋胚胎期——东非大裂谷

板块构造学说认为，大陆裂谷孕育了大洋，如东非大裂谷就是大洋的胚胎期，它是地幔物质上升导致岩石圈拉伸拉张裂陷，进而发育形成的裂谷体系，这个过程大约需要几千万年，东非大裂谷总有一天会完全裂开，迎进海水成为海洋。

（二）大洋幼年期——红海

当大陆岩石圈两端完全裂开，形成狭长的海湾，就进入了大洋的幼年期，如红海、亚丁湾是处于海底不断扩张中的幼年期海洋。

知识拓展

东非大裂谷、红海和亚丁湾是如何形成的？东非大裂谷、红海和亚丁湾共同构成了三联点，大约距今 3 100 万年，位于三联点附近，埃塞俄比亚阿法尔省（Afar）之下发育有一个地幔柱，称阿法尔地幔柱，地幔柱产生上涌作用力的同时，带动了附近地幔的流动。地幔的流动，使与之接触的地壳产生了水平方向的拉力，在这种力量的作用下，地壳持续张开，距今 3 100 万年产生了岩浆活动，随后渐渐形成了三岔裂口的雏形。

三岔口红海和亚丁湾两端，岩浆火山活动持续扩大，促使断裂分别向北、向东快速扩展，向北从埃塞俄比亚一直延伸到埃及北部，向东亚丁湾与欧文（Owen）断裂带相连，后来海水涌进亚丁湾和红海，距今 2 000 万年前后，红海开始快速裂开并沉降，海水不断加深，至今 1 400 万年，红海的断裂已经切入地中海，此后红海和亚丁湾不断开裂，最终演化成海洋的雏形。红海是世界上最年轻的海洋之一，目前平均深度约为 558 米，最大深度达 2 514 米，大约以每年 1. 6 厘米的速度继续扩张。

东非大裂谷裂开时间相对较晚，大约从 1 100 万年前开始，裂开的速率大概为每年 3 毫米，最宽能达到 200 千米，最深能达到 2 千米，东非大裂谷总长度近 6 000 千米，被称为“地球的伤疤”，裂谷的东支南起希雷河河口，经马拉维湖，向北纵贯东非高原中部和埃塞俄比亚高原中部，直达红海北端，全长约 5 800 千米；西支南起马拉维湖西北端，经坦噶尼喀湖、基伍湖、蒙博托湖等，直达苏丹境内的白尼罗河谷，全长超过 1 700 千米。东非裂谷带两侧分布有乞力马扎罗山、肯尼亚山、尼拉贡戈火山等众多的火山，大裂谷带集中了阿贝湖、沙拉湖、图尔卡纳湖、马加迪湖、马拉维湖、坦噶尼喀湖等湖泊约 30 多个。

（三）大洋成年期——大西洋和印度洋

当海底不断扩张，两端大陆被动地背向移动，扩张处渐渐形成中央裂谷，是新洋壳的诞生地，不断推动两端洋盆向两边扩展，大洋进入成年期，如大西洋和印度洋。

知识拓展

印度洋是如何形成的？印度洋是地球上最年轻的大洋，地貌主要以洋中脊和洋盆为主。据大陆漂移学说，中生代南半球冈瓦纳古陆开始裂解，距今1亿年前后印度洋中脊形成，随后冈瓦纳板块向北移动，造成特提斯洋闭合，印度、澳大利亚大陆、南极大陆、非洲大陆和南美大陆的漂移形成印度洋。

（四）大洋衰退期——太平洋

随着海底不断扩张，大陆被推移距离裂谷带越来越远，生成的大洋岩石圈随着推移不断冷却、增厚变重，在地壳均衡作用下发生沉陷，在板块水平挤压应力作用下，大洋岩石圈俯冲进入大陆边缘，形成以海沟-岛弧为标志的俯冲带，当板块消减量大于增生量时，两侧大陆相向移动、大洋逐步进入收缩期。如太平洋就是逐渐收缩的大洋。据研究，现在的太平洋是泛大洋收缩后的残余大洋，与中生代初的古太平洋相比，面积已减少了三分之一左右。

知识拓展

太平洋洋盆包括整个太平洋板块、菲律宾板块、胡安德福卡板块、科科斯板块、纳斯卡板块，以及部分的南极洲板块和大洋洲板块，其中太平洋板块占太平洋总面积的70%~80%。太平洋是在距今约1.9亿年前的侏罗纪初期，在当时澳大利亚的北侧形成的。有的学者认为，太平洋是新元古代泛大洋在板块运动作用下慢慢挤压缩小成至今的产物，与大西洋和印度洋相比，太平洋已进入衰退期。美洲大陆和亚洲大陆正在以每年1~2厘米的速度靠近，东南面与纳斯卡板块形成东太平洋海隆，南面与南极洲板块形成太平洋-南极洋脊，太平洋在不断减小。太平洋板块和欧亚板块的相互碰撞，使环太平洋沿岸集中了地球上90%以上的地震和85%以上的活火山。科学家预测2.5亿年后太平洋会合拢消失。

（五）大洋终了期——地中海

当洋壳不再新生，随着大陆边缘的洋壳前端不断俯冲消亡，两侧大陆逐渐靠近，大洋不断收缩，进入终了期。如地中海，目前地中海已没有洋中脊活动，只有地中海东部海底向大陆俯冲消亡，地中海终将关闭。

（六）大洋遗痕期

洋壳俯冲消亡后，两侧大陆相向运动、碰撞形成地缝合线，海盆消失，这就是大洋遗痕期，如喜马拉雅山的印度河线。

第二节　典型海底地貌

海洋底部地形高低起伏，其复杂程度不亚于陆地。根据海底地形特点可分为大陆架、大陆坡、大洋盆地等地貌单元。大陆架地形平坦，是大陆向海洋的自然延伸，坡度很小，水深一般不超出 200 米。在大陆架外的巨大斜坡是大陆坡，这里坡度突然增大，水深一般在 200～3 000 米。有的大陆坡脚外海床又趋平缓，称大陆隆或大陆基，主要分布于大西洋；有的大陆坡外分布有狭长的、水深大于 6 000 米的海沟，通常与岛弧同时出现，主要分布于太平洋。大陆架、大陆坡和大陆隆或海沟是大陆与大洋盆地之间的过渡区域，被称为大陆边缘。大陆隆或海沟之外就是巨大的盆状洼地——深海洋盆，水深一般在 4 000～5 000 米，以深海平原和深海丘陵为主体，其上分布有地球上最长的海底山系——大洋中脊，绵延的海岭和孤峰状的海山。随着科技的进步，洋底绵延的海山、深邃的海沟、神秘的平顶山，愈发清晰地展露在世人面前。

海底世界里最引人瞩目的莫过于深海脊背——大洋中脊，板块消亡带——环太平洋俯冲带以及板块漂移最显著的证据——无震海岭等地貌单元，它们是如何形成的？根据板块构造学说，板块边界（两个板块相交之处）构造运动最为激烈，而板块的内部是相对稳定的，全球地震活动和全球火山活动带主要集中在板块边界，构造运动在地表地貌形态和岩石上留下痕迹，形成大洋中脊体系、沟-弧体系等典型地貌和地形（如山脉、火山、洋中脊和海沟）特征。

一、洋中脊

海底地貌和陆地相比，起伏较大，地球上最长最宽的山脉深卧在大洋中部（在太平洋位置偏东），因其形似大洋的巨大脊梁被称为大洋中脊，这条雄伟的环球性山脉是相互联结的一个整体，全长 8 万千米，北起北冰洋，纵贯大西洋，东入印度洋，后连东太平洋海隆，总面积等同五大洲陆地面积之和，洋脊顶部平均深度 2~3 千米，宽幅在 1 000 千米以上，有些露出海平面形成海岛，在大西洋和印度洋称中脊，在太平洋称中隆。三大洋的洋中脊地形相当复杂，中脊轴部一般分布有纵向的中央断裂谷地，由一系列正断层从中脊顶部下切形成，是岩浆涌出地；横向上由一系列与脊轴垂直或近于垂直的大断裂带将大洋中脊和中央裂谷错开，使洋中脊在微观上并不连续。大洋中脊是具有明显的地震活动的活动性海岭，是全球最主要的浅源地震活动带和现代火山作用带。

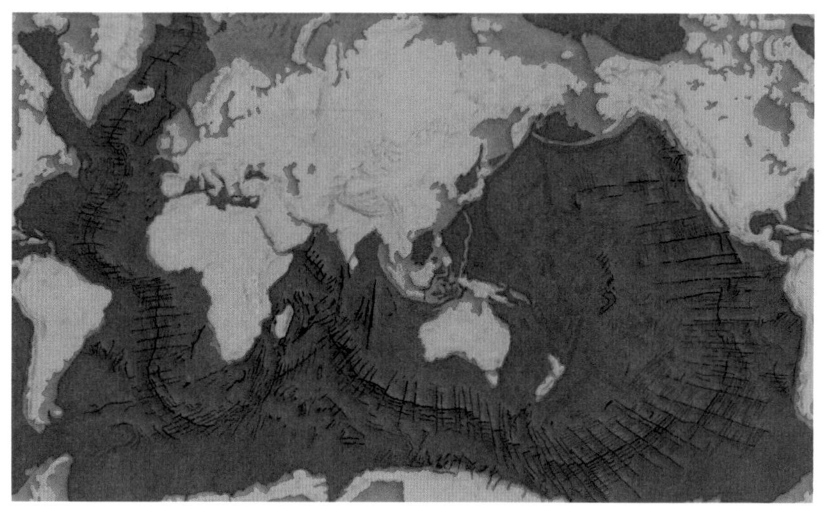

大洋中脊

太平洋洋中脊，又称东太平洋海隆，北从阿留申海盆开始，经阿拉斯加湾、加利福尼亚湾、加拉帕戈斯群岛，纵贯南北再向西与印度洋中脊相连，形成了占据太平洋总面积35%的巨大海底山岭。大西洋洋中脊纵贯南北，中央发育有中央裂谷，整体呈“S”形，向北进入冰岛，向南和印度洋中脊相连。印度洋中脊呈“人”字形，由中印度洋海岭、西印度洋海岭和东印度洋海岭组成。

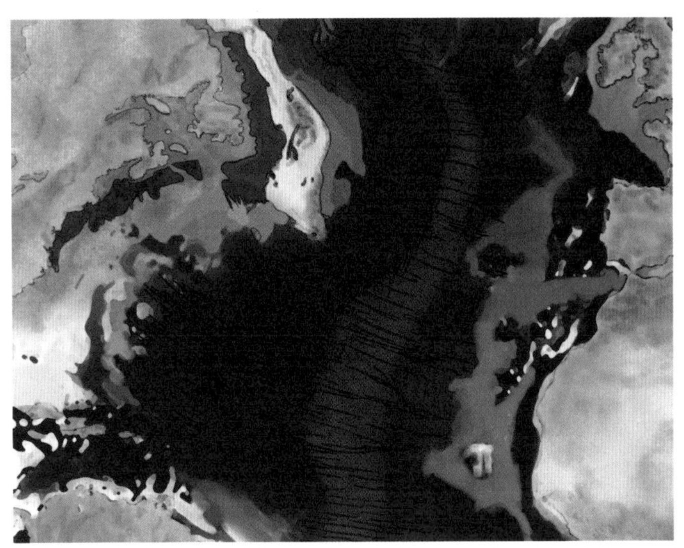

大西洋中脊

二、深海盆地

大洋盆地占海洋面积的三分之二，是介于大陆边缘与大洋中脊之间的相对较为平坦的地带，主要包括深海盆地、海岭、海峰和火山脊等，一般认为大洋盆地是在洋壳从洋脊向外迁移过程中形成。其中，深海盆地是最主要的部分，一般是指水深达到4 000米以上的广阔的海底平原，主要位于大洋中脊两侧，向外与大陆边缘相接。

如果把海洋全都放在一个正方形容器中，海洋的平均深度接近4 000米，所以一般认为水深超过4 000米为深海。

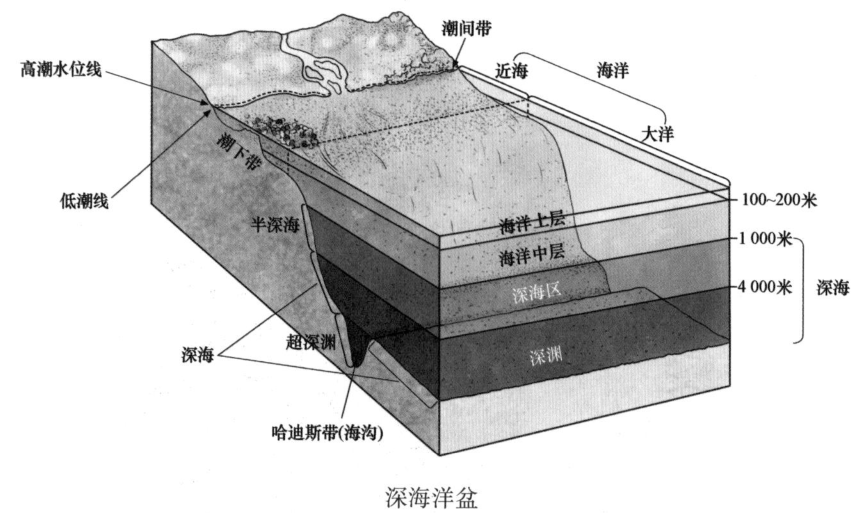

深海洋盆

三、海沟和岛弧

海沟和岛弧是大洋地壳和大陆地壳之间的接触过渡带，属于岩石圈板块的汇聚型板块边界，大洋岩石圈板块在此俯冲、消亡。当洋壳向陆壳俯冲，形成岛弧，岛弧外侧向大洋方向发育着海沟，西太平洋构造运动最为剧烈的岛弧-海沟带水深超过 1 万米的海沟就有 4 个，其中包括世界上最深的海沟——马里亚纳海沟，深达 11 034 米。

知识拓展

环太平洋俯冲构造带。板块的俯冲边界是大洋板块的消亡带，是地球科学研究的热点之一。环太平洋周围正是海洋板块俯冲到相邻板块以下的消亡带，分布着一连串海沟、岛弧和火山，伴随有剧烈的板块构造运动。因而，环太平洋地区分布着著名的“火山带”和“地震带”，“环太平洋火山带”分布着全球 80%的活火山，“环太平洋地震带”分布着全球 80%的浅源地震、90%的中源地震和几乎全部深源地震。环太平洋的俯冲构造以海沟-岛弧系的西北太平洋俯冲带和海沟-山弧系的美洲西海岸为特点，西北太平洋俯冲带是太平洋板块向欧亚板块和菲律宾板块俯冲，形成的一系列岛弧-海沟-弧后盆地体系，结构复杂。并非所有的俯冲构造都形成弧后盆地，东太平洋俯冲带则属陆缘挤压造山带，弧后盆地不发育，是纳斯卡板块向南美洲板块俯冲形成的高大的安第斯山脉。

四、海山

大洋底部存在很多隐没在水下的玄武质火山高地，称为海山（seamount），露出海面者就是岛屿。大部分海山具有平顶，故称为海底平顶山（mesa）或海台（guyot）。海底平顶山的山顶一般位于水下200~3 000米，顶面上有玄武质的巨大砾石及浅水生物礁。研究表明，它们原来位于海平面以上，因遭受海水剥蚀而被削平，最后因地壳下降而覆没水下，在浅水环境中，其表面堆积了沉积物，并生长有造礁生物，随着地壳持续下沉。火山海岭是指火山串连的海底山脉。如太平洋的夏威夷海岭和天皇海岭等。夏威夷岛中太平洋海底山脉中的一些山峰，从洋底5 000米升起，主峰冲出海平面4 270米，绝对高度达到9 270米，超过了陆地最高峰珠穆朗玛峰。

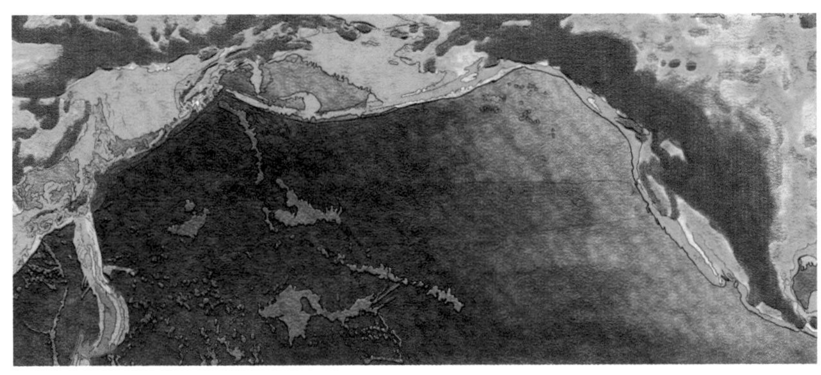

皇帝-夏威夷海岭

知识拓展

无震海岭。太平洋北部有一条绵延几千千米的链状海岭，即皇帝-夏威夷海岭，这一条带状的由火山锥构成的岛链，除了最南端的夏威夷岛以外都是死火山，几乎没有地震活动，所以被称为无震海岭。科学家通过勘测发现它们的构造完全不同于大洋中脊，轴部没有中央裂谷，也没有横切的断裂带，而且是大洋地壳的增厚地带，更重要的是，这些出露的链状海山从北到南年龄逐渐变小，类似这样的链状海山在大西洋、印度洋都有发现，关于它们的成因，摩根提出的“热点说”得到大多数人的认同，他认为海山链活动的端点处为一个热点，热点处的地幔深处岩浆呈周期性喷射，板块漂移至热点处，岩浆喷发形成火山，随着板块的移动则形成逐渐变化的火山岛链。这些火山岛链就是岩石圈板块漂移过热点的轨迹，记录了板块运动的方向和速率，它的存在有力地证实了板块构造说和海底扩张说。

环礁的形成。环礁（atoll）是世界上热带海洋中存在的巨大珊瑚礁体的一种，它是从深海底部延伸到水面形成的环带状礁体，中间一般分布有平静的封闭或半封闭的潟湖，有的环礁高度（或厚度）达千余米，就像一幢海底“摩天大厦”。

珊瑚礁对生长环境要求极为严格，礁岛的低海拔高度、小规模尺寸和对局部礁积物的依赖性的特点，使它们容易受到气候变化和海平面上升的影响。当大气二氧化碳（CO_2）浓度升高时，易引起海水碳酸根离子（CO_3^{2-}）浓度下降，降低碳酸钙（$CaCO_3$）和各种矿物（文石、方解石等）的饱和度，减缓造礁珊瑚石灰化过程，从而对珊瑚礁生态系统构成严重威胁，当环礁受到破坏，其周围水域的海洋水动力随之发生变化，甚至会导致自然灾害的发生。

1842 年，达尔文提出了“沉降说”，将珊瑚礁的形成分为 3 个阶段，第一阶段是在围绕岛屿（尤其是火山岛屿）沿岸形成与岛屿相连的岸礁；第二阶段是岛屿略微下沉，珊瑚礁增长快，逐步与海岸分开，形成中间有潟湖的堡礁；第三阶段是岛屿全部沉降入海，珊瑚礁生长成为环绕潟湖的环礁。由于珊瑚只能生长在浅水区，“沉降说”较好地解释了大洋环礁的成因。

环礁直径在几百米至几十千米，大多分布在热带和亚热带的太平洋和印度洋水域，目前已知环礁有 330 个，大都坐落在大洋中的火山锥上，孤立于汪洋大海之中。太平洋马绍尔群岛的夸贾林环礁和印度洋马尔代夫群岛的苏瓦迪瓦环礁是世界上最大的两个环礁，面积都超过 1 800 平方千米。

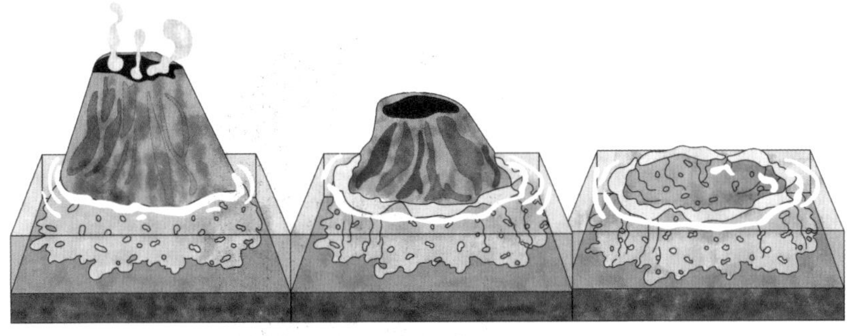
环礁的形成

第三节 海水

为了对海水有个整体印象，让我们从人类首次进入太空说起。1961 年 4 月 12 日，苏联宇航员尤里·阿列克谢耶维奇·加加林（Yury Alekseyevich Gagarin，1934—1968）乘坐“东方 1”号宇宙飞船进入太空，在最大高度为 301 千米的轨道上，历时 108 分钟绕地球飞行一周，成为世界上第一个进入宇宙空间的人，也是第一位从外太空中看到地球全貌的人，他这样描述所看到的景象——“天空非常的幽暗，而地球是蓝色的，看起来一切都非常清澈”。根据太空拍摄的照片和加加林亲眼所见，地球的确是一个美丽的蓝色星球，而占据地球表面积 70.8%的海洋是地球呈现蓝色的真正原因。

苏联著名宇航员尤里·阿列克谢耶维奇·加加林

外太空看地球是一个美丽的蓝色星球

一、海水的相关特性

1. 海水的盐度

海水很难喝，不小心呛到一口会感到非常咸涩，这是因为海水中溶解有多种盐类物质，其中氯化钠（NaCl）含量最高，占到70%~80%，也就是平时我们所说的食盐的主要成分。海水中还含有很多氯化镁（$MgCl_2$）和硫酸镁（$MgSO_4$），氯化镁是点豆腐用的卤水的主要成分，味道很涩。这就是海水尝起来又咸又涩的原因。

我们用海水的盐度来度量海水含盐量的多少，它是指海水中全部溶解的固体与海水重量之比，通常用1千克海水中含有盐类物质的克数来表示。世界海水的平均盐度为35（1千克海水中含盐量为35克）。

不同海域的表层海水受蒸发、降水、入海径流、海冰融化、洋流等因素的影响，盐度差异较大。在降水量大于蒸发量、有入海径流汇入以及冰雪融化的海域，盐度低，反之则盐度高。在赤道附近，高温多雨，降水量远大于蒸发量，因此海水的盐度较低。在南北两极高纬度海区，由于温度低、蒸发量小，以及冰雪融化作用，因此盐度也比一般地区要低。而在南纬和北纬20度的海区，受副热带高压控制，气候干燥、降水量远远小于蒸发量，因此海水盐度比其他地区要高。洋流对海水的盐度也有影响，在同纬度海区，暖流经过的海域盐度升高、寒流经过的海域盐度降低。在深层海水中，盐度几乎不变。

知识拓展

世界上盐度最高的海——红海，位于副热带海区，属热带沙漠气候，常年高温少雨，海水蒸发量远大于降水量。海域比较封闭，几乎没有外来入海径流的汇入，与外界海水交换很少，海水盐度达到40，局部地区盐度高达42.8。

红海

世界上盐度最低的海——波罗的海，位于中高纬度海区，属温带海洋性季风气候，雨量充沛，海水蒸发量远小于降水量。有大量的淡水径流汇入，海水盐度只有10。

波罗的海

2. 海水的温度

我们去海边游泳的时候，常常会感觉到表层海水是温暖的，越往深处下潜，越感觉冷。海水的热力状况通常用海水温度来表示，世界大洋表层水温较高，且变化较大，年平均值达到 17.4 摄氏度；而 2 000 米以下的深海大洋水温相对稳定，仅为 1~2 摄氏度，世界大洋的整体水温平均约为 3.8 摄氏度。四大洋的年平均表层水温为：太平洋，19.1 摄氏度；印度洋，17.0 摄氏度；大西洋，16.9 摄氏度；北冰洋，零下 1~2 摄氏度。

影响海水温度的主要因素有：深度、纬度、洋流和季节。海水的温度随深度的增加而降低，水深 1 000 米以内温度变化较大，水深 1 000~2 000 米温度变化不明显，水深 2 000 米以下温度几乎不变。同纬度海区，暖流流经的海域温度较高，寒流流经的海域温度较低。不同纬度的海区，海水温度由高纬度海区向低纬度海区增加。

知识拓展

温跃层。海水温度铅直方向上急剧变化的水层称为温跃层。它是由温度不同的海水垂直混合或不同来源的水团相互混合所形成的。温跃层随深度、季节和纬度而变化，可分为主温跃层（永久性温跃层）、季节性温跃层和周日温跃层等。在极地海域，由于海水温度从表层到底部都极低，因此不存在温跃层。

世界上最热的海——红海。夏季 8 月表层水温最高可达 32 摄氏度。红海的东西两岸分别是阿拉伯沙漠和撒哈拉沙漠两大世界级沙漠，气候炎热干燥，年平均降水量不到 200 毫米，成为当之无愧的最热海。

红海

世界上最冷的海——南极的边缘海，威德尔海，被称为地球上的“冷海”，也是南极的“魔海”，温度常在0摄氏度以下。海水不断受到来自南极大陆的流冰群和狂风的侵袭，海水异常寒冷，常被冰层覆盖。

威德尔海

3. 海水的深度

在我们的印象里，大海总是一望无际、深不可测的，但是大海虽深终有底，世界海洋的平均深度约为3 795米，太平洋是最大、最深的大洋，平均深度可达3 957米；位居第二的是印度洋，平均深度约为3 872.4米；大西洋位列第三，平均深度约为3 627米；北冰洋最浅，平均深度约为1 225米。

海水如此之深，连太阳光的威力也无法穿透整个海水深度。根据光照透过的海水深度，我们还可以将海洋划分为3个区域，分别是“真光层”（sunlight）、“弱光层”（twilight）和“无光层”（midnight）。

真光层：从海水表面到200米的水深，这里阳光充足，光合作用旺盛，海洋生物种类繁多，渔业资源丰富，是许多受保护的海洋哺乳动物和海龟的家园。

弱光层：水深200~1 000米，光的强度随着深度的增加而迅速消散。在这个区域，尚能透过一些光，但已经显得很昏暗了，海洋生物几乎无法进行光合作用。

无光层：水深1 000米以下，没有任何光线可以穿透进来，整个海域沐浴在黑暗之中，为了生存需要，很多生活在这里的海洋生物都拥有发光的器官或发光的组织。

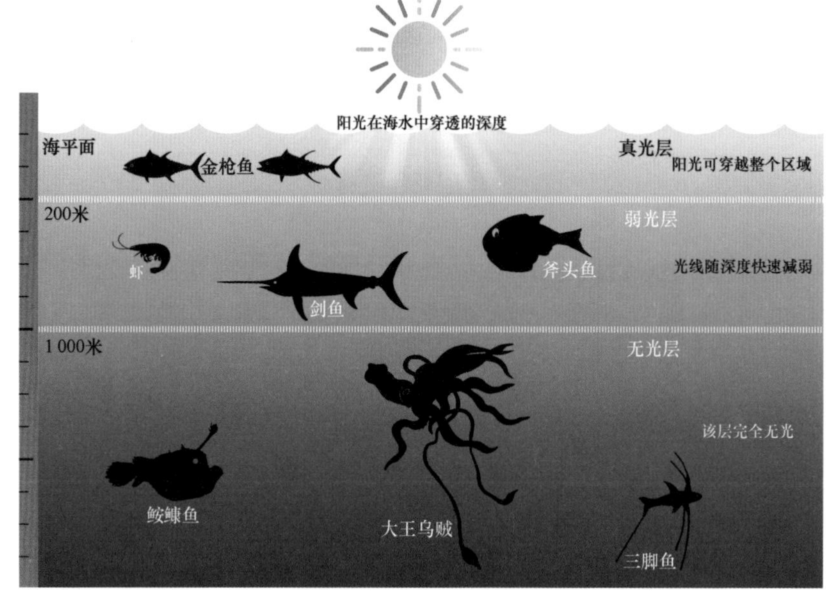

海洋透光区域划分

知识拓展

世界海洋的最深处——位于太平洋底的马里亚纳海沟，是目前已知的海洋最深点，大部分水深在 8 000 米以上，最大水深为 11 034 米。如果将世界上海拔最高的山峰珠穆朗玛峰填进去，峰顶也会被完全淹没在水下 2 000多米的地方。

世界上最浅的海——亚速海，位于乌克兰和俄罗斯的交界处，是两国的“公海”，平均深度只有 7 米，最深处只有 14 米。

4. 海水的密度

取相同体积的两个容器分别装满海水和纯水，称重可以发现装满海水的容器要比装满纯水的容器重，这是因为二者虽然体积相同，但是海水的密度要大于纯水的密度。单位体积海水的质量用海水密度来表示，海水密度一般为每立方厘米 1. 02~1. 07 克。

马里亚纳海沟

亚速海

海水的密度受温度、盐度、压力（深度）等因素的影响，大洋表层海水的密度主要受温度和盐度的影响，在温度高、盐度低的海域，海水密度小；在温度低、盐度高的海域，海水密度大。在赤道海区，温度高，盐度低，因而海水密度小。由赤道向两极，密度逐渐增大；在南极海区，温度最低，海水密度最大。海水密度随深度的加深而增大，约从 1 500 米开始，密度垂直变化小，在深层海水中，密度几乎不再随深度的变化而变化。

海水密度的变化会引起海水的运动，密度大的海水下沉，密度小的海水上升，从而引起表层海水和深层海水之间的循环流动。

知识拓展

液体海底。在大洋中，温度的变化对海水密度的影响较大，因此与温跃层相对应，海水密度在垂直方向上突然变大的水层叫“密度跃层”，密度小的海水在上面，密度大的海水在下面，使海水成层分布，有的厚达几米。密度跃层能够使声波传播发生折射，对潜艇航行有十分重要的意义。潜艇躲在密度跃层下面可以有效避开敌人的声呐不被发现。此外，海水密度跃层比较稳定，潜艇也可以停在上面，既节省燃料，又方便休息，因此被科学家们称为“液体海底”。

5. 海水中的光

光在海水中的传播与在空气中的传播有着很大的差别。光进入海水，大部分波长迅速被海水吸收。太阳光中，红光和橙光能穿透至水下 15 米，蓝光以及少量绿光和紫光能穿透至水下 40 米，在水下 90 米，最具穿透力的蓝光也会被海水吸收殆尽。

19 世纪初，人们在进行海洋调查时，用一个直径 30 厘米的白色圆盘（透明度盘）垂直沉入海水中，直到刚刚看不见为止时的深度，这一深度叫海水的透明度。将透明度盘提升至透明度一半深度处，俯视透明度盘之上水柱的颜色，称为海水的水色。

知识拓展

海水的颜色。海水本身并没有颜色，但天气晴朗的时候，大海看上去呈蓝色或蓝绿色。这是因为太阳光射入海水后，光波较长的红光、橙光和黄光，随海洋深度的增加逐渐被吸收了，而波长较短的蓝光和紫光遇到较纯净的海水分子时就会发生强烈的散射和反射，于是人们所见到的海洋就

海水透明度盘

图片来源：中国海洋大学海洋与大气学院

呈现一片蔚蓝色或深蓝色了。近岸的海水因悬浮物质增多且颗粒较大，对绿光吸收较弱，散射较强，所以多呈浅蓝色或绿色。

世界上透明度最高的海——北大西洋百慕大群岛附近的马尾藻海。马尾藻海域的透明度能达到 66.5 米，是世界上公认的透明度最高的海域。

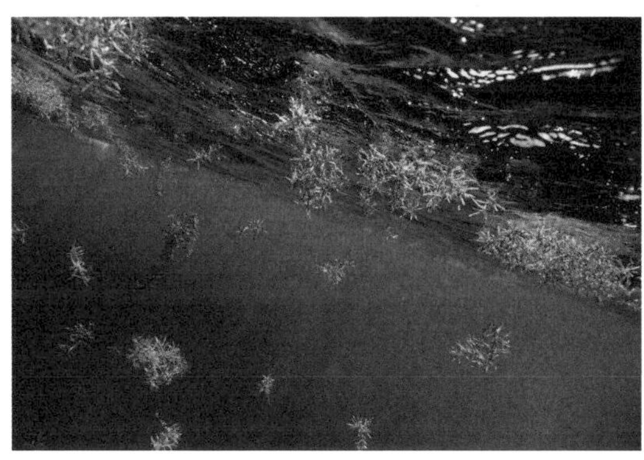

透明度高的海

6. 海水中的声

声波在海水中的传播速度比在空气中快，传播距离要比空气中大。很多动物，比如鲸和海豚，都是利用声波进行定位和活动。声音在水中的传播速度每秒约为 1 500 米。声波在海水中的速度主要受温度和海水压力影响：温度越低，声速越慢；海水压力越大，声速越快。由海面向下，声速先是随深度增加、温度降低而变慢，当达到最低值时，温度不再改变，这时声速就会随海水压力增大而变快。于是声波传播速度在整个大洋变成上下两层，两层交界处就形成了特殊的声道轴。在多数海域，这个声音传播最慢的区域在水下 1 000 米左右深处，这层海域也叫做“深海声道”（SOFAR）。

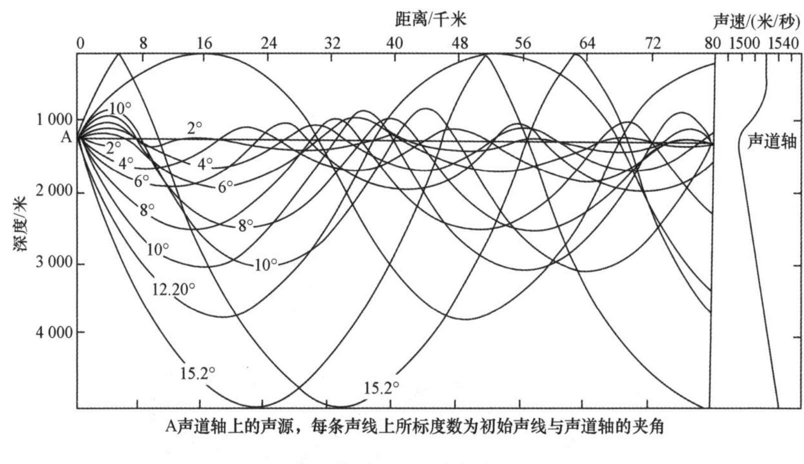

大西洋水下声道声线图

知识拓展

深海声道。在深海声道中，声能被限制在声道轴上下一定深度范围内传播不接触海面与海底，这就像在声道轴上下各放一块反射声特别好的挡声墙，声音总是在两块挡声墙之间反射，能量不受损失，可以传播很远。这层水域的物理特性为人们使用水下监听设备提供了条件。

7. 海水的化学组成

1872 年，英国皇家学会组织“挑战者”号科学考察船对太平洋、大西洋、印度洋和南极等海域进行了世界上首次大规模环球海洋科学调查，第一次测定了海水的化学组成。通过这次科学考察，人类对海洋有了更深、更广的认识。

“挑战者”号科学考察船

海水是一种非常复杂的多组分水溶液，含水量在 96.5%左右，溶解有多种无机盐、气体和有机物质，还含有许多悬浮物质。目前，已经测定海水中含有 80 多种化学元素。

海水的主要成分（大量、常量元素）：海水中含有大量的氯化钠、氯化镁、硫酸镁等无机盐类物质，在海水中它们是以钠（Na^+）、氯（Cl^-）、镁（Mg^{2+}）、硫酸根（SO_4^{2-}）等离子的形式存在，还有溴（Br^-）、氟（F^-）、钾（K^+）、钙（Ca^{2+}）、锶（Sr^{2+}）、碳酸氢根（HCO_3^-）、碳酸根（CO_3^{2-}）以及分子形式的硼酸（H_3BO_3），它们的总含量占到海水盐分的 99.9%，被称为海水的主要成分，也叫常量元素。

溶于海水的气体：海水中还溶解了一些气体，有氧气（O_2）、二氧化碳（CO_2）、氮气（N_2）及惰性气体等。其中有些气体比如二氧化碳，可以在海洋和大气之间不断进行交换，是影响气候变化的重要因素。

营养元素：海水中包含有一些海洋生物生长所必需的元素，主要指氮

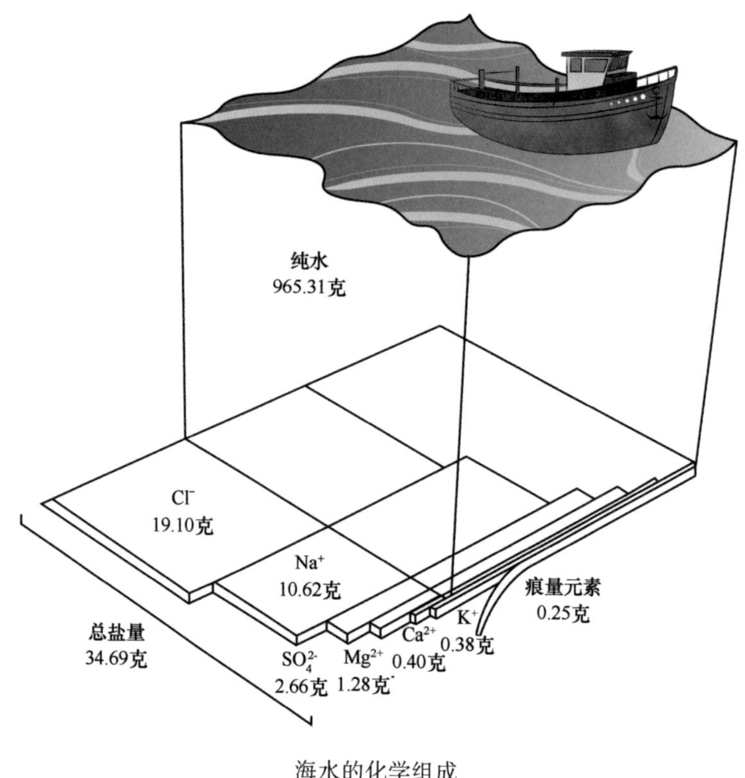

海水的化学组成

资料来源：冯士筰，李凤岐，李少菁，海洋科学导论，1999 年，第 111 页

(N)、磷（P)、硅（Si）3 种元素的盐类，还有一些金属元素铁（Fe)、锰（Mn)、铜（Cu）等，对海洋生物具有重要意义。

海水中除去常量元素、营养元素、溶解气体外，还有一些含量极少的元素，称为微量元素。此外，还有氨基酸、腐殖质和叶绿素等有机物质。

二、海水的运动

走近海洋，我们能看到永不停息的潮涨潮落，轻抚和滋润着或平或陡的海滩；也能看到不断拍打石头的海浪，掀起雪白的朵朵浪花，经年累月，将礁石研磨光滑。在远海，无论我们看到与否，都存在或是水平方向又或是垂直方向的海水流动，水平的运动可以绵延上千千米，垂直的运动不断将海洋上层水与下层水混合，它们输送物质和能量，维持稳定的海洋环境，支撑地球系统和生命延续。这些都离不开我们接下来要了解的海水运动现象。海水运动的形式多种多样，可简单分为波浪、潮汐和海流这 3 种基本形式。

1. 波浪

海水受海风的作用和气压变化等影响，促使它离开原来的平衡位置，而发生向上、向下、向前和向后方向运动。这种海水表层的波动被称为波浪。波浪分为风浪、涌浪和近岸浪 3 种。风浪是指在风的直接作用下产生的水面波动，海面同时出现许多波高不同、周期不等的波浪，呈现出极其复杂的海面波动起伏状况；涌浪是在风停后海区内尚存的波浪，或传出风区以外的波浪，这种波浪外形比较规则、整齐，波面比较圆滑，波峰线长；近岸浪则是由外海的风浪或涌浪传到海岸附近，因受地形影响而改变波动性质的波浪。此外，风浪和涌浪同时出现时，还会形成混合浪。

海浪蕴藏着巨大的能量，人们早在几十年前就开始研究海浪能的利用。据世界能源委员会的调查显示，全球可利用的波浪能达 20 亿千瓦。①

风浪

① 龚媛，世界波浪发电技术的发展动态，电力需求侧管理，2008 年，第 10 卷第 6 期：第 71-72 页。

涌浪

近岸浪

2. 潮汐

潮汐现象是指海水在月亮和太阳引力作用下（天体引潮力）呈现的海平面上升或下降的现象。我们最熟悉的现象即为岸边涨潮与退潮的往复出现。通常，高低潮每 6 个小时交替出现一次。海岸线的类型、近岸海水的深度和大陆架情况等会影响潮高情况。根据涨落特点，潮汐可以分为 4 种主要类型，即正规半日潮、不正规半日潮、正规日潮和不正规日潮。正规半日潮一天有两次高潮和两次低潮，潮差基本相同；不正规半日潮通常一天有两次高潮和两次低潮，但少数日子第二次高潮不显著，半日潮特征不明显；正规日潮一天有高潮和低潮各一次；不正规日潮指大多数日子为日潮型特征，少数日子为半日潮特征。要了解一地的潮汐情况，可以查询当地的潮汐预报，涨落时间预报非常精准。潮汐与人类海洋经济活动联系非常紧密，海洋渔业、海洋工程、海洋运输、海洋文化旅游、海洋生态环境保护等都与其密切相关。

3. *海流*

海流（ocean currents）是指大规模相对稳定的海水流动，是海水重要的普遍运动形式之一①。海流沿着固定路线持续流动，可以比作海洋里的河流。赤道暖流、北太平洋暖流、秘鲁寒流、西风漂流等这些都是比较著名的海流。墨西哥湾暖流是世界上最大的暖流，它的宽度可达 60～80 千米，厚度可达 700 米，流量可达陆地上所有河流的总流量的 80 倍。

海流的成因主要有两种：一种是由风的驱动使海洋表面水体流动从而带动深层海水的流动，称为风生流；另一种是由于海水的温盐变化导致的海水密度差异造成的海流，称为热盐流。大洋上的结冰、融冰、降水和蒸发等热盐效应，造成海水密度在大范围海面分布不均匀，可使极地和高纬度某些海域表层生成高密度的海水，从而下沉到深层和底层。海水在水平压强梯度力的作用下，作水平方向的流动，并可通过中层水底部向上再流到表层，这就是大洋的热盐环流。风对海流的影响只能到达海洋的上层和中层，大洋深层主要是海水密度差异在起作用。据估算，全球只有 10%的海水受到风生流的影响，而其余 90%的海水都是受热盐流的控制。同时受地球自转和月球引力等的影响，海水既有水平流动，又有垂直流动。由于海岸和海底的阻挡和摩擦作用，海流在近海岸和接近海底处的表现，与在开阔海洋上有很大的差别。

当海域中的海流形成首尾相接的相对独立的海流系统，便形成了海洋

---

① 冯士筰、李凤岐、李少菁，海洋科学导论，北京：高等教育出版社，1999 年。

环流（ocean circulation）。海洋环流的时空变化相对连续，通过传送热量、有机碳、营养元素和淡水等，把世界大洋紧密地联系在一起，使水文、热量、盐度和化学元素等保持长期的相对稳定。

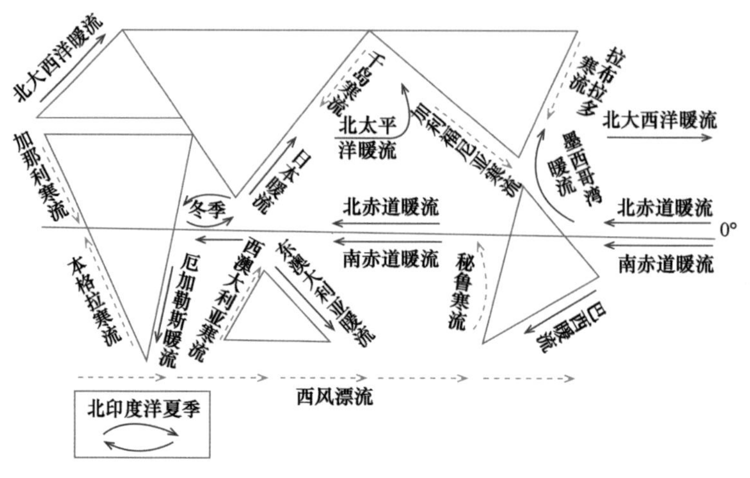

世界洋流分布图

知识拓展

暖流与寒流。海水的流动可以调节地球表面的热量分布，海流促进了地球高低纬度之间的能量交换，同时对流经沿岸地区的自然地理环境也会产生影响。根据海流水温的高低，我们可以分为“暖流”和“寒流”两大类。

暖流是指水温比流经地区海水温度高的海流，通常来说从低纬往高纬地区流动的海流都是暖流。世界上著名的暖流包括墨西哥湾暖流、巴西暖流、日本暖流、阿拉斯加暖流、东澳大利亚暖流、马达加斯加暖流、北大西洋暖流和北太平洋暖流。暖流对沿岸地区有“增温增湿”作用，特别是北大西洋暖流，顺着欧洲西部海岸线一路北上，使得位于北极圈以内的俄罗斯港口城市“摩尔曼斯克”成为一个不结冰的“不冻港”。

寒流是指水温比流经地区海水温度低的海流，通常来说从高纬往低纬地区流动的海流都是寒流。世界上著名的寒流包括秘鲁寒流、加利福尼亚寒流、千岛寒流、西澳大利亚寒流、本格拉寒流、加那利寒流、拉布拉多寒流和西风漂流。寒流对于沿岸地区有“降温减湿”作用，在副热带地区的大陆西岸，由于受到寒流的影响，通常沿海地区降水也十分稀少，从而出现海边也是沙漠的奇妙景观。

在寒流和暖流交汇处，海水搅动，海水的环境发生变化，底层的营养物质都跑到表层，成为鱼群的饵料，鱼群大量聚集。位于北大西洋暖流和东格陵兰寒流交汇处的北海渔场、位于日本暖流和千岛寒流交汇处的北海道渔场、位于墨西哥湾暖流和拉布拉多寒流交汇处的纽芬兰渔场，均是世界上有名的渔场。

三、海洋与气候

海洋与气候之间有着千丝万缕的联系，海洋通过充当大气主要的热源、水源以及“碳汇”，在调节全球气候变化中发挥着重要作用。

海-气交换

1. 调节温度

海洋与大气之间存在着热量的交换。当海面水温高于大气温度时，由海洋向大气输送热量，使气温升高；当海面水温低于大气温度时，由大气向海洋输送热量，使气温降低。经测算，1 立方米的海水降低 1 摄氏度放出的热量可使 3 100 立方米的空气升高 1 摄氏度，由此可见，海洋对气候的影响不可小觑。

我国一些沿海城市，相较于同纬度其他地区，有明显的冬暖夏凉特点，这是由于海洋升降温度都慢（热容量大），冬天把相对温暖的空气送往陆地，夏天则把相对凉爽的风吹向陆地，所以呈现冬暖夏凉。

2. 风雨的故乡

海洋与大气之间通过蒸发、云的形成、降水、径流等方式不断进行着水循环运动。大气中的水蒸气主要来自于海洋，每年海洋的蒸发量大约为 434 000 立方米，占地表总蒸发量的 84%。海水蒸发的水蒸气，被气流不断带入大气层，其中约 398 000 立方米达到一定程度凝结为雨、雪、雹等降落到地面，再通过入海径流最终回归海洋，剩余的部分以云或水汽的形式被带到陆地。如此循环、不断往复，构成了大气与海洋之间的水循环。

3. “碳汇”

海洋与大气之间存在着气体的交换。海洋通过浮游植物的光合作用提供了地球上大部分的氧气，同时也吸收了大量人类活动产生的二氧化碳等温室气体，是地球上最重要的“碳汇”聚集地。海洋浮游植物通过吸收进入海水中的二氧化碳进行生长与繁殖，以有机碳的形式沉积到海底，最终形成海底“生物软泥”。人类生产、生活每年向大气排放的二氧化碳约 55 亿吨，其中约 20 亿吨被海洋吸收，陆地生态系统仅吸收 7 亿吨左右，海洋在减弱地球“温室效应”方面作用巨大。

海洋在影响气候的同时，也承受着气候变化带来的冲击，冰川融化、海平面上升、海洋吸收过多二氧化碳引起的海洋酸化等一系列问题，影响着近岸和深海生态系统的健康。

4. 厄尔尼诺现象和拉尼娜现象①

“厄尔尼诺”在西班牙语中是“圣婴”的意思。19 世纪初，在南美洲的厄瓜多尔、秘鲁等西班牙语系国家的渔民们发现，每隔几年，从 10 月至第二年的 3 月便会出现一股沿海岸南移的暖流，使表层海水温度明显升高。这股暖流一出现，性喜冷水的鱼类就会大量死亡，使渔民们遭受灭顶之灾。由于这种现象往往发生在圣诞节前后，遭受天灾而又无可奈何的渔民便将其称为上帝之子——圣婴。后来，科学家将此词语用于表示在秘鲁和厄瓜多尔附近几千千米的赤道中、东太平洋海面温度的异常增暖现象。

正常情况下，西太平洋海水温度较高，大气的上升运动强，降水丰沛；而赤道中、东太平洋，海水温度较低，大气为下沉运动，降水很少。当厄尔尼诺现象发生时，由于赤道西太平洋海域的大量暖海水流向赤道东太平洋，致使赤道西太平洋海水温度下降，大气上升运动减弱，降水也随之减少，造成那里严重干旱。而在赤道中、东太平洋，由于海温升高，上升运动加强，造成降水明显增多，暴雨成灾。热带地区大范围大气环流的变化，又必然影响和改变了南北方向的经圈大气环流，从而导致全球性的大气环流和气候异常。1997 年是强厄尔尼诺年，其强大的影响力一直持续至 1998 年上半年，我国在 1998 年遭遇的历史罕见的特大洪水，厄尔尼诺便是最重要的影响因子之一。

“拉尼娜”在西班牙语中是“小女孩”“圣女”的意思。与厄尔尼诺现象相反，拉尼娜现象是指赤道太平洋东部和中部海面温度持续异常偏冷的现象。海洋表层的运动主要受海表面风的影响。信风把大量暖水吹送到赤道西太平洋地区，在赤道东太平洋地区暖水被刮走，主要靠海面以下的冷水进行补充，赤道东太平洋海温比西太平洋明显偏低。当信风加强时，赤道东太平洋深层海水上翻现象更加剧烈，导致海表温度异常偏低，使得气流在赤道太平洋东部下沉，而气流在西部的上升运动更为加剧，有利于信风加强，这进一步加剧了赤道东太平洋冷水发展，引发所谓的拉尼娜

① 中国天气网。

现象。

5. 飓风和台风

飓风和台风都是指发生在热带或副热带洋面上的低压气旋。在气象学上，按世界气象组织定义，热带气旋中心持续风力达到12级以上（即64节或以上、每秒32.7米或以上，又或者每小时118千米或以上）称为飓风，只是因发生的地域不同，名称才有所不同。生成于西北太平洋和我国南海的强热带气旋被称为“台风”；生成于大西洋、加勒比海以及北太平洋东部的则称“飓风”；而生成于印度洋、阿拉伯海、孟加拉湾的则称为“旋风”。

太阳照射令大面积海面及其上方的空气温度升高，引起大量暖湿气流上升，在海面上形成低压区和密集云层。周围大气中的空气在压力差的驱动下向低气压中心定向移动，这种移动受到科里奥利力（地球自转偏向力）的影响而发生偏转，从而形成旋转的气流，这种旋转在北半球沿着逆时针方向而在南半球沿着顺时针方向，由于旋转的作用，低气压中心得以长时间保持。

台风按等级可分为一般台风（最大风力12~13级）、强台风（最大风力14~15级）、超强台风（最大风力不小于16级）①。台风从最初的低压环流到中心附近最大平均风力达8级，一般需要两天左右，慢的要三四天，快的只要几个小时。在发展阶段，台风不断吸收能量，直到中心气压达到最低值，风速达到最大值。而台风登陆后，受到地面摩擦和能量供应不足的共同影响，台风会迅速减弱消亡。

台风给广大地区带来了充足的雨水，成为与人类生活和生产关系密切的降雨系统。但台风也总是带来各种破坏，它具有突发性强、破坏力大的特点，是世界上最严重的自然灾害之一。一次台风登陆，降雨中心一天之中可降下100~300毫米的大暴雨，甚至可达500~800毫米。

---

① 台风的定义，中国气象局网站。

台风

知识拓展

风暴潮。当台风移向陆地时，由于台风的强风和低气压的作用，使海水向海岸方向强力堆积，潮位猛涨，强台风的风暴潮能使沿海水位上升5～6 米。风暴潮与天文大潮高潮位相遇，产生超高的潮位，会导致潮水漫溢，海堤溃决，冲毁房屋和各类建筑设施，淹没城镇和农田，造成大量人员伤亡和财产损失。风暴潮还会造成海岸侵蚀，海水倒灌造成土地盐渍化等灾害。风暴潮引起的灾害居海洋灾害之首位，世界上多数因强风暴引起的特大海岸灾害都是由风暴潮造成的。1970 年，孟加拉湾沿岸发生了一次震惊世界的热带气旋风暴潮灾害，超过 6 米的风暴潮夺去了恒河三角洲一带 30 万人的生命。美国、日本等国家和地区均发生过严重的风暴潮灾害事件。我国是风暴潮危害严重的国家之一，从渤海湾沿岸到海南均有发生，造成的灾害损失巨大，最高的风暴潮位记录达到 5. 94 米，在世界上排到了前三位。

四、海冰

一提到南北两极，我们的脑海里就会浮现出一片银白色的冰雪世界，是的，冰是南北两极的代言。覆盖在海面上的冰大小不一，形状各异，有

风暴潮

的还会随波逐流，形成一道奇特的美丽风景。我们将海中出现的所有种类的冰统称为海冰，它们除了直接由海水冻结而成，广义上还包括一些来自于大陆冰川和江河湖泊的淡水冰。

南极

中国南极科考队员供图

1. 海冰的形成

海水结冰其实就是海水中的淡水被冻结，在结冰过程中大部分盐分被排挤出来，还有部分来不及排出的盐分和气体被包围在冰晶之间的空隙里形成“盐泡”和“气泡”。

淡水的冰点为0摄氏度，海水中因为含有盐分等物质，冰点要低于0摄氏度。海水的冰点与海水的盐度和密度有关，因此是一个不确定的数值。当海水平均盐度为35时，海水的冰点大约为零下1.9摄氏度，盐度越高，冰点越低。

2. 海冰的盐度

海水由于结冰时部分盐分被排挤掉，因此海冰的盐度要远低于海水的盐度，一般盐度在3~7。结冰前海水的盐度越高，海冰的盐度也越高；结冰时温度越低，结冰速度越快，排挤掉的盐分越少，海冰的盐度越高；下层海水结冰速度慢，上层海水结冰速度快，因此海冰盐度随深度的增加而降低；夏季，气温升高，冰面融化，一部分盐分又从冰里流出，海冰盐度也随之降低。

海冰

中国南极科考队员供图

3. 海冰的类型

海冰按照形成和发展阶段可以分为：初生冰、尼罗冰、饼状冰、初期冰、一年冰和老年冰。

当海水开始冻结时，它先会形成几毫米宽的微小针状或薄片状的细小冰晶，进而聚集形成黏糊状或海绵状冰，这是初生冰；在平静的海面，初生冰可以继续生长为厚度 10 厘米左右、有一定弹性的薄冰壳层，这是尼罗冰；在海风和海浪的作用下，尼罗冰破碎，大块的冰块互相碰撞、挤压、边缘上升，形成直径 30 厘米至 3 米，厚度为 10 厘米左右的圆形饼状冰；尼罗冰或者饼状冰冻结在一起，冰层继续增长，变成厚度为 10~30 厘米的灰色或灰白色冰层，称为初期冰；初期冰继续发展，变为厚度为 30 厘米至 3 米，存在时间不超过一个冬季的一年冰；经过一个夏季仍然存在，表面比一年冰平滑的是老年冰，多存在极地海域，中国海域尚无老年冰。

尼罗冰

海冰还可以按照运动状态分为两类。某些海冰会紧贴海岸线、岛屿或海底，不会随海风或者洋流发生水平漂移，但可随海面的变化发生垂直升降运动，这一类叫“固定冰”；还有一类自由漂浮于海面，随风、浪、海流而漂泊的海冰，由于冰块是不断运动的，因此碎片可能会碰撞并形成更

饼状冰

厚的冰脊或冰丘，这一类叫“流冰”或者“浮冰”。

知识拓展

南极和北极终年被冰雪覆盖，哪一个更冷？北冰洋几乎终年被冰覆盖，被称为地球上唯一的“白色海洋”，南极洲是世界上最大的天然冰库，被誉为神秘的“白色大陆”。

南极科考

中国南极科考队员供图

南极

中国南极科考队员供图

南北两极平均气温都非常低，通常在零下几十摄氏度，到底哪个更冷？1983 年 7 月 21 日，科考者在位于南极的俄罗斯沃斯托克科考站，测得地球上的最低温度为零下 89.2 摄氏度，南极是地球上最冷的地方，平均温度比北极要低 20 摄氏度左右。

南极和北极最大的区别：北极是被亚洲、欧洲和北美洲三大洲陆地包围的海洋，而南极是被太平洋、印度洋和大西洋三大洋包围的陆地，这是两个区域之间存在的根本性差异。

北极

4. 海冰的作用

（1）地球的“空调”。海冰对气候的变化有显著的影响。海冰相当于大气与海水之间的“隔热毯”，海冰明亮的表面能将大量太阳光反射回太空，使得太阳能极少被海洋吸收，同时又能够阻止热量由海洋向大气的传输，有利于海洋热量的存储。在极地海域，水温年变化范围只有 1 摄氏度左右。

（2）巨大的淡水资源。海冰比海水含盐量要低得多，年代时间越久的海冰，盐度越低，有些极地老冰几乎是淡水冰，能够融化后直接饮用。因此，海冰是未来可供利用的巨大战略性淡水资源。阿联酋的一位富豪为了缓解当地日益严重的淡水危机，计划花费 10 亿元人民币用船从南极搬运回一座冰山作为淡水水源。也许在不久的将来，我们真的可以喝上由海冰淡化而来的水。

5. 海冰灾害

海冰严重时能够给沿海地区人们的生产生活带来极大的困扰，比如，阻断海上交通运输、毁坏船只、影响水产养殖业等，不仅威胁人类的生命安全，还带来了巨大的经济损失，是不可忽视的一种海洋灾害。

1912 年 4 月 14 日，号称“世界工业史上的奇迹”的豪华客轮“泰坦尼克”号在处女航过程中，不幸撞在漂浮在北大西洋的冰山上，号称“永不沉没的”“泰坦尼克”号永远沉入了海底。

全球气候变暖，极地冰川融化速度不断加快，南极和北极格陵兰岛的融冰速度已经达到 20 世纪 90 年代的 6 倍，很多依靠海冰生存的北极熊、企鹅、北极鲸、海象、海豹等将会因为环境的变化而出现生存危机。海冰融化导致的海平面上升，也会淹没低海拔地区，侵犯人类赖以生存的家园。人与自然是生命共同体，人类必须尊重自然、顺应自然、保护自然，做到人与自然和谐共生！

“泰坦尼克”号（RMS *Titanic*）

南极企鹅

中国南极科考队员供图

第三章　奇妙的海洋生物

浩瀚的海洋，是风雨的故乡，生命的摇篮。多数学者认为，地球上的所有生命都起源于海洋。对于到底孕育了多少种生物这个难题，一代又一代的科学家们不断试图揭开谜底。目前，一群顶尖生物学家已经帮我们绘制了一棵最为完整的生命树，这棵“树”包含约230万已知物种①，这些生物来自陆地和海洋，存在于山、水、林、田、湖、草等各类生境中。这项了不起的工作对35亿年前就已出现的地球生命进行了目前最为充分的一次整合描述。尽管如此，这棵生命树还需要不断完善，因为科学家们评估仍有数倍于已知数量的未知生物等待我们去探索和发现。海洋，是进行生物探索研究的重点领域，限于认知能力和科技发展水平，人类对海洋的了解远远低于陆地，仅发现了20余万种海洋生物，据估算还不足总量的10%。

为了认识海洋生物，我们先了解一下以前的科学家们是怎样做的。1674年，荷兰人列文虎克（A. van Leeuwenhoek，1632—1723年）首先用自制的显微镜发现并仔细观察了海洋原生动物。这是一类单细胞动物，换句话说，一个细胞就是一个完整的生命体。这类生物大多都小于1毫米，用我们的裸眼很难看得清楚，或者根本看不到。显微镜的使用使人类对生物的认知从简单的接触，比如吃穿用的萌芽状态走向深入。还有几位科学家，比如瑞典人林奈（C. von Linné，1707—1778年）、法国人拉马克（J. B. Lamarck，1744—1829年）、德国人施莱登（M. J. Schleiden，1804—

---

① Hinchliff, C. et al. Synthesis of Phylogeny and Taxonomy Into a Comprehensive Tree of Life. Proceedings of the National Academy of Sciences Sept. 18, 2015. DOI: 10. 1073/pnas. 1423041112.

1881 年）和施旺（T. Schwann，1810—1882 年）等在生物命名法、动物比较解剖学和细胞学说方面做出了先驱性的伟大工作，正是这些工作推动生物学研究不断深入发展。另一位伟大的博物学家，英国人达尔文（C. R. Darwin，1809—1882 年）于 1859 年出版了著名的生物学巨作《物种起源》（*Origin of Species*），阐述了生物进化论的理论基础，为生物学研究提供了科学的理念指导。再后来，直接的裸眼观察和简单的仪器设备已不能满足对海洋生物进行深入研究的需要，更加先进的综合性仪器装备、科考船、深潜器等不断涌现，在广袤无垠的蔚蓝海洋、黑暗无光的海底深渊和冰雪覆盖的南极大陆留下了探索的印迹。著名的“贝格尔”（*Beagle*）号、“挑战者”（*Challenger*）号、“雪龙”号调查船，“的里雅斯特”（*Trieste*）号和“蛟龙”号深潜器等，都是功勋卓越的代表。

中华民族对海洋生物的认知历史悠久。考古研究发现，早在 2 万年前，傍海而居的古人就留下了食用过的贝类遗弃物，使用过的海洋贝壳。从最早认识、食用海洋生物，使用贝壳和鱼类骨骼，到“兴鱼盐之利，行舟楫之便”，祖先们对海洋的认知持续不断。进入 20 世纪后，我国海洋生物学研究进入了快速发展时期，涌现出童第周（1902—1979 年）、曾呈奎（1909—2005 年）、张玺（1897—1967 年）、朱树屏（1907—1976 年）、刘瑞玉（1922—2012 年）、雷霁霖（1935—2015 年）、张福绥（1927—2016 年）等一批老一代著名海洋生物学家，为我国海洋生物实验胚胎学、海洋藻类生物学、海洋贝类生物学、海洋水产生物学、海洋底栖生物学、海水鱼类工厂化养殖、贝类养殖研究等方面奠定了坚实的基础。

海洋历来是国际竞争的重要内容，联合国教科文组织庄重宣言，21 世纪是海洋的世纪。海洋在人类解决当今社会面临的人口、粮食、能源、环境等四大问题和促进可持续发展方面扮演重要角色，发挥着巨大作用。我们现在要进一步了解的海洋生物是海洋科学的核心内容之一，希望本书这一章内容的简要介绍能为青少年朋友们热爱海洋、关心海洋打开一扇小窗，能为认知海洋直至去经略海洋提供一点有益的帮助。

第一节　几个基本概念

为便于学习了解海洋生物，下面介绍一些基本但又比较重要的概念。青少年朋友们可根据需要选择了解，在阅读其他章节需要时查阅，感兴趣的也可自主扩展深入学习。

生物(organism)　生命体，包括一些基本的特征，如生长、代谢、繁殖，主要包括微生物、植物、真菌（大型）和动物。

细胞(cell)　外表有膜结构包裹，构成生命的基本单元，内含支持生命活动的基础组分。细菌、酵母菌等一个细胞就是一个完整的生命体，我们肉眼常见的生物则大多为多细胞生物。

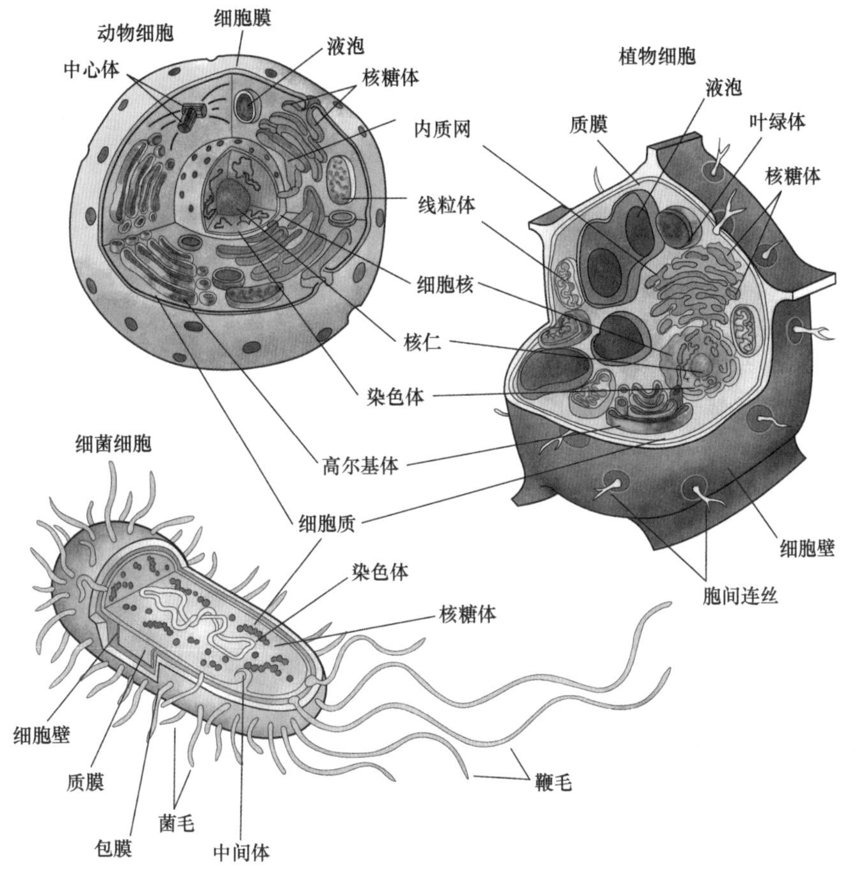

细胞的结构模式

知识拓展

微生物是肉眼不可见或看不清楚的微小生物的总称，多数为单细胞生物，包括细菌、真菌、原生动物和微藻等（病毒属无细胞结构有机体，是否列为生物存在争议）。微生物具有体积小、相对表面积大、代谢旺盛、繁殖迅速、变异频、分布广和种类多等特点。

植物是多细胞的真核生物，特征包括光合自养，具有细胞壁，缺乏运动器官等。

真菌是真核生物，具备细胞壁，但无叶绿素不能进行光合自养，常见的如酵母菌、霉菌和蘑菇等。

动物（此处指多细胞后生动物）是真核生物，区别于具有细胞壁的植物和真菌，通常具有运动器官，能对外界刺激做出应激反应。

原核生物（prokaryote）。指不存在明显细胞核的一类单细胞生物，其遗传物质散布在细胞内。

真核生物（eukaryote）。指存在明确细胞核的单细胞或多细胞生物，其遗传物质集中在细胞核内。

物种（species）。物种是由居群组成的生殖单元，与其他单元在生殖上隔离，在自然界中占据一定的生态位。我们进一步来理解：物种由生活在相同或相似环境的一群个体构成，能够通过繁殖保持种群的延续；一物种与其他物种保持生殖上的隔离，即物种间无法产生后代，或者产生的后代不具有生殖能力；物种在生态系统中发挥一定的生态功能，占据一定的生态位置。我们看几个大型哺乳动物的例子。马（*Equus caballus*）和驴（*Equus hemionus*）遗传关系非常近，近到可以交配产下骡，但骡不具备繁殖能力，所以马和驴是两个独立物种，而骡不是一个独立的物种，类似的还有狮虎兽等。当然，我们印象中差异似乎很大的动物却有可能是同一物种，比如家犬是由狼驯化而来的，各种犬和狼是灰狼（*Canis lupus*）这一物种下的不同亚种，相互间没有生殖隔离，可以产生有繁殖能力的后代，所以是同一物种。我们常说的黄种人、黑种人和白种人，则不是物种概念，因为地球上所有的人都属于同一物种——智人（*Homo sapiens*）。总的来说，有性生殖的生物类群大都可以适用这个物种定义（一些微生物，或无性繁殖的类群，通常可以借助分子生物学等手段，以株、系方式区分）。

科学命名法，也叫双名法（binominal nomenclature）。上一段文字，我们看到了几处斜体的外文单词，这是对应物种的唯一学名（也称拉丁名），命名方式由林奈发明。学名由一个首字母大写的属名和一个全部为小写字母的种名构成，为斜体的拉丁文。有了这样的学名，既便利了学者研究，也便利了沟通交流，全世界通用，不会有表述分歧。大家去植物园、动物园时，会看到对各种动植物的介绍，都需要标注斜体的学名（拉丁名）。如果不是斜体，那就是写错了。

分类学（taxonomy）是开展物种命名并对其进行分门别类的科学，将生物（包括灭绝类群）安排在由不同高低阶元构成的有层级的系统中，便于人类认识、研究、保护和开发利用。

进化（evolution）是一种较为广泛接受的生物学理论，假定地球上各种类型的生物都存在祖先形式，与祖先的差异来源于世代间变异的不断累积。进化理论是现代生物学的基石。

第二节　海洋生物的分类系统

生物学家们一直在孜孜不倦地探索，地球上到底有多少种生命形式？最初，学者们采用二分法，将生物分为动物和植物。显微镜的发明使用使人类开阔了视野，发现并逐步认识了肉眼看不见的细菌、原生动物等微生物。生物学家们进一步发现细菌这类生物的遗传物质脱氧核糖核酸（DNA）游离于细胞质中，不同于大型的动植物，因此出现了原核生物与真核生物的区分。再后来，随着扫描电镜、透射电镜、分子生物学等新的科技手段产生，人类对生物类群的认知不断深入，分类更加精细。

为便于学习了解海洋生物，我们采用将生物划分为古菌、细菌和真核

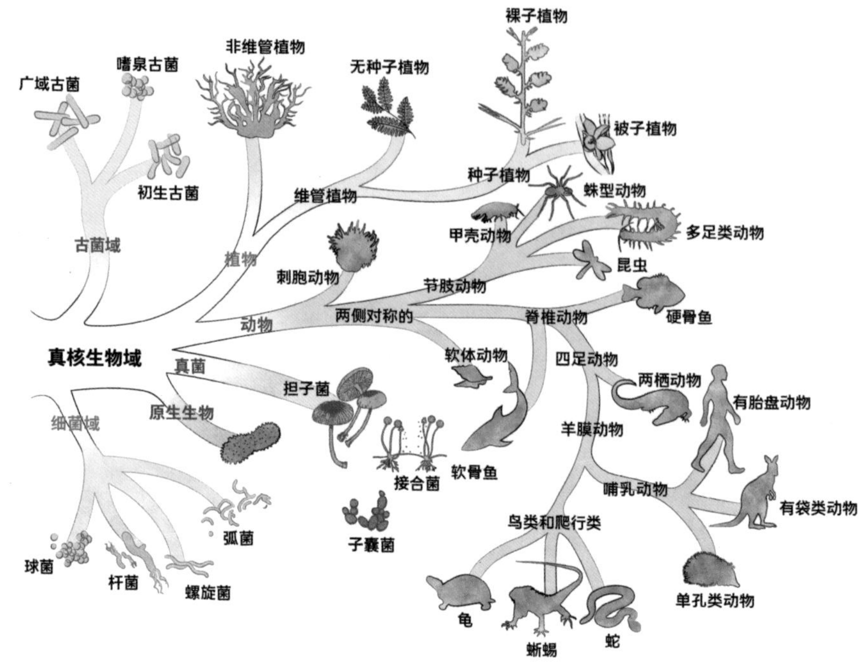

三域系统生命树

生物的三域系统①，并进一步将生物划分入六界，即古菌界、细菌界、原生生物界（单细胞的藻类和单细胞动物）、植物界、真菌界和动物界，这些生命形式海洋中都存在。以下章节中，我们将海洋古菌、细菌和原生生物放入海洋微生物类群，与海洋植物、海洋真菌和海洋动物共分为 4 小节进行详细介绍。在海洋动物方面，与海洋鱼类、两栖爬行类（海龟）、鸟类（企鹅、海鸥）、哺乳类（海豚、鲸、北极熊）等海洋脊椎动物相关的科普资料非常丰富，我们此处不再做介绍，本章节只介绍无脊椎动物。

据估算，海洋里总的生物量达到 6.63 Gt C（Gt，10 亿吨；C，此处指有机碳），其中细菌、原生生物、动物贡献量超过 80%，植物贡献不足 8%，其后依次是真菌、古菌和病毒。另外，在海洋生态系统里，消费者的

① Woese, C. R., Kandler O., Wheelis M. L. 1990. Towards a natural system of organisms: Proposal for the domains Archaea, Bacteria, and Eucarya. Proc. Natl. Acad. Sci. USA, 87: 4576-4579.

生物量约是生产者的 5 倍，单细胞生物约贡献了 60%的总海洋生物量。[①] 与海洋不同，陆地上仅高等植物即贡献超过 90%以上的生物量。

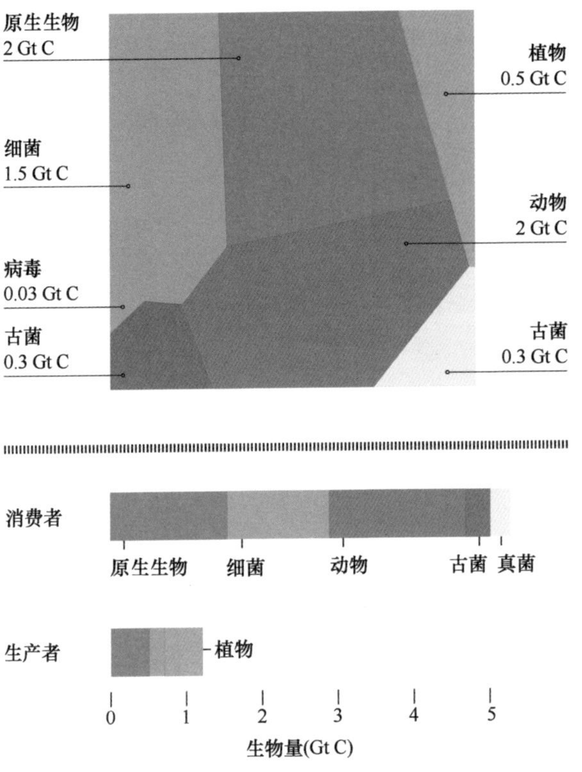

海洋中的生物量构成，原生生物、细菌和动物贡献约 80%的生物量

此外，为了能较为系统地了解分类学，需要大家简要了解一下分类阶元内容。现代生物学比较广泛接受的主要分类阶元有 8 个，分别是域（Domain）、界（Kingdom）、门（Phylum）、纲（Class）、目（Order）、科（Family）、属（Genus）、种（Species），涵盖范围依次减小。以中国对虾为示例，大家可以了解生物学家如何给一个物种找到归属。需要说明的是，除“种”以外，其他高等级分类阶元均是主观概念，即科学家们认为

---

① Bar-On Yinon, Milo Ron. 2019. The biomass composition of the oceans: A blueprint of our blue planet. Cell 179: 1451-1454. 10. 1016/j. cell. 2019. 11. 018.

的恰当分类方式，不同的科学家观点不同，可以不断地修正完善。

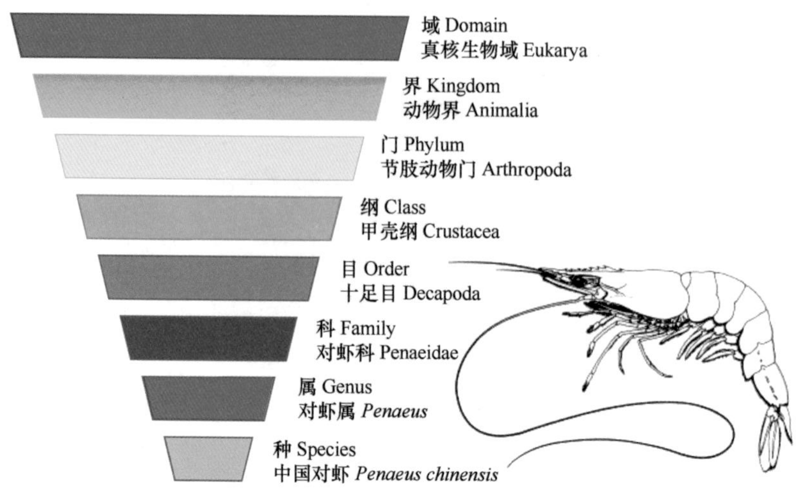

中国对虾的分类归属情况（线条图引自刘瑞玉）

第三节　海洋微生物

微生物的定义方式与其他类群不同，主要关注生物体的大小，因此会产生交叉。尽管如此，为了便于阐述，我们仍采用微生物类群来总揽这一小节。微生物主要有属于原核生物的古菌；属于原核生物的细菌、蓝细菌（还有放线菌、支原体、立克次氏体）等；属于真核生物的原生动物、显微藻类和真菌等（非细胞结构的病毒不做介绍）。这类生物虽然微小，但数量庞大，每毫升海水中的微生物数量高达上百万个（10^6 细胞/毫升），表层底栖环境中的密度更高，占据了 98%以上的海洋生物量，远远高于我们肉眼可见的各类大型动植物生物量之和。在功能上，海洋微生物是海洋食物网的重要初级生产者和分解者，在海洋生态系统的物质循环和能量流动中发挥着重要作用。对人类来讲，海洋微生物的好与坏两种功能都非常明显，它们生产了地球上大约一半的氧气，它们的代谢产物可能是人类各种疾病特别是癌症的解药之源，同时它们中的许多成员又是各类其他生物的病原体，特别是能够导致各类海洋渔业养殖品种患病。

古菌(Archea) 属于古菌域，是一类古老原始的单细胞原核生物，因同时具有真核生物样基因，以其独特的分子生物学特征性状，有别于细菌和真核生物。古菌在探索生命起源问题上具有重要意义。

这类生物最初发现于极端环境，如深海热液喷口、陆地热泉，各类高盐、高酸和厌氧环境等。迄今为止，人类记录的生物耐受高温记录来源于古菌。如，深海火山口处分离到的烟栖火叶菌（*Pyrolobous fumarii*）最高可耐受 113 摄氏度，在太平洋海底黑烟囱区域发现的另一种还没有中文名字的古菌（*Geogemma barossii*）在 121 摄氏度下还能繁殖生长，是目前人类记录的耐热生物冠军。

细菌(Bacteria) 属于细菌域，是一类优势的单细胞原核生物，在海水中、底栖环境中、极地冰川中以及其他海洋生物体表和体内广泛存在。细菌的形状比较多样，但主要有 3 种，即球状、杆状和螺旋状。细菌的身材比较小，大都在 0.2~2.0 微米（1 毫米的千分之一为 1 微米）。大多数海洋细菌是海洋中的“分解者”，它们分解清理有机物碎屑，清扫海洋动物的粪便和尸体，自身则变成充满营养物质的“小球”，被其他菌食性生物摄食利用，进入食物网，促进物质的循环和能量的流动。有些细菌则是海洋动植物甚至人类的致病菌。鳗弧菌（*Vibrio anguillarum*）是引起海水鱼类细菌性感染的常见致病菌，可致鲑鱼、鳗鲡、鲈鱼、鳕鱼、大菱鲆和牙鲆等感染。创伤弧菌（*Vibrio vulnificus*）则是一种可以感染并严重威胁人类生命的海洋细菌。人类通过生食牡蛎等海产品或者经伤口接触性感染的病例中，约 20% 最终死亡。

- 蓝细菌（Cynobacteria），也称蓝绿藻（blue-green algae）。属于细菌域，是一类古老的含有叶绿素的大型单细胞原核生物，能够进行光合作用释放氧气。海洋蓝细菌中的原绿球藻（*Prochlorococcus* spp.），细胞直径 0.5~0.7 微米，是地球上已知能进行光合作用的最小生物类群。蓝细菌在淡水、海水和土壤中广泛分布，在地球上存在了 35 亿年之久，被人类称为活化石。蓝细菌使整个地球大气从无氧状态发展到有氧状态，孕育了好氧生物的进化和发展。很多蓝细菌具有固氮能力，是很好的肥料来源，但有些蓝细菌的过量生长可造成海水和淡水中的绿潮，给生态环境和渔业带来危害。有些蓝细菌则对人类具有较高的经济价值，如可用于开发“螺旋藻”产品等。根据内共生理论，植物和真正的藻类是通过内共生方式由蓝细菌祖先进化而来。

原生生物(Protista)　属于真核生物域、原生生物界，主要包括单细胞藻类（single-celled algae）和原生动物（Protozoa）。单细胞藻类是能够进行光合作用的真核生物类群，如硅藻、甲藻、金藻等。地球上 30%~50% 可供人类和动物呼吸的氧气是由单细胞藻类产生的。原生动物是一类单细胞动物，一个细胞就是一个完整的生命体，其营养、呼吸和排泄主要通过细胞器或体表进行。原生动物多数为自由生种类，具有运动胞器，广泛分布于海水、淡水和各类土壤环境，还有一些共生种类，以及部分寄生类群。原生动物的营养方式有植物性营养、动物性营养和混合营养 3 种。原生动物是生态系统的重要组成部分，它们摄食细菌或单细胞藻类，通过摄食压力保持这些被吃掉的分解者或初级生产者群体一直处于旺盛的生长状态，维持较高的生物活性，同时原生动物自身以初级消费者身份把物质和能量传送到更高营养级。常见的原生动物类群，如鞭毛虫、纤毛虫、变形虫、有孔虫、孢子虫等（每个类群都包含许多种类，感兴趣的青少年朋友可以扩展了解)。

有些原生生物类群的过量生长也会导致环境灾害，如赤潮和绿潮等。另一些种类则是人类和经济性渔业品种的病原微生物，如疟原虫导致人类疟疾，一些孢子虫、纤毛虫等导致鱼类腮和消化系统等组织器官损害。有些原生生物类群，在到底是动物还是植物这个问题上，与我们“非此即彼”“非黑即白”的印象不同。研究动物的学者喜欢叫它们“虫”，因为它们有运动器官、有应激性反应，存在明显的动物特征，研究植物的学者则喜欢叫它们“藻”，因为有一些种类含叶绿素，能够光合自养，具有明显的植物特征。因此，这类生物在进化理论研究中具有重要意义。从进化角度，我们似乎可以从这类生物中看到从植物到动物的过渡。下面，我们进一步了解与生态环境、地质研究等有紧密关系的几种原生生物。

- 硅藻（diatom）。生活在透明硅质外壳构成的“房子”里面，是地球上唯一用硅质材料构造细胞壁的生物。硅藻种类繁多，是海洋、湖泊和河流生态系统中的重要生产者，是各种微小型动物、节肢动物、鱼类甚至鲸的食物来源。硅藻通过光合作用吸收二氧化碳、制造有机物并释放氧气。不同的硅藻种类对环境有不同的要求，如酸碱度、盐度、营养情况、人类活动等都会影响硅藻，因此可以用来监测和评价水环境的健康程度。硅藻死亡后，硅藻壳就沉积在海底，形成硅藻土。硅藻土 90% 的成分是硅，其他还有铝和金属氧化物等。因为外壳上有许多细孔，硅藻土是很好的过滤材料，用于饮料、工业油、食用油制造和市政供水净化处理等。

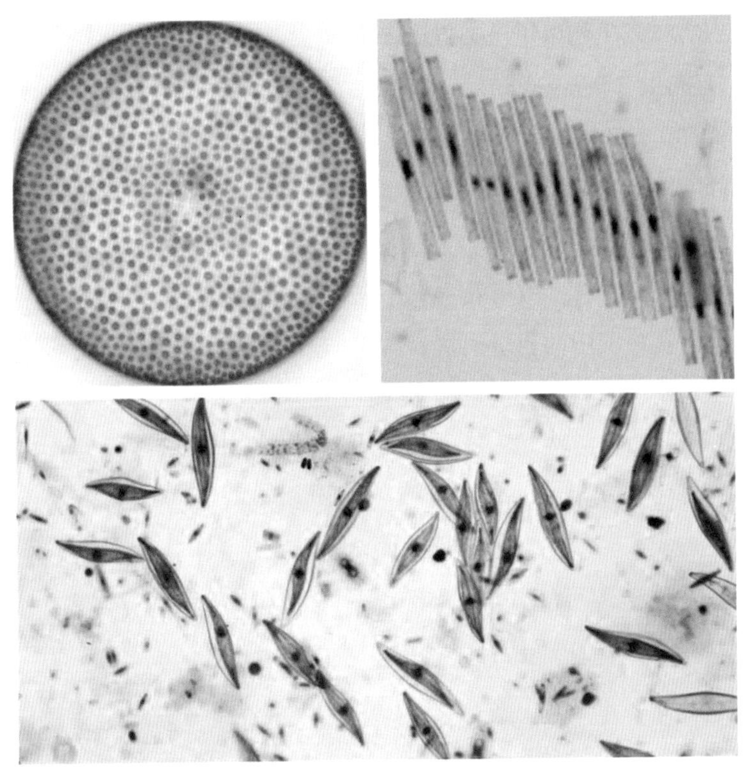

染色后的 3 种海洋底栖硅藻（圆筛藻、棍形藻和舟形藻）照片

• 腰鞭毛虫（甲藻，dinoflagellates）。生态灾害物种之一，赤潮（red tide，harmful algal blooms，HABs）的形成原因之一。海水和淡水中一些原生动物，如属于海洋腰鞭毛虫类群中的闪光夜光虫（*Noctiluca scintillans*），

是一种世界性分布的赤潮生物，因水体富营养化等原因，出现暴发性的大量生长事件，在海面形成厚厚的漂浮层，看起来呈粉色或红色，得名赤潮。赤潮生物的过度生长会产生大量毒素，对贝类、鱼类等各种海洋生物甚至海鸟都会产生严重影响，人类如食用了被毒素污染的水产品可能会危害自身健康甚至失去生命。除毒素外，赤潮生物过度生长后又会大量死亡，因腐败分解等原因会消耗水体中大量氧气，形成厌氧、有毒的海洋环境，对其他生物造成严重影响甚至引起大量死亡。除原生动物外，还有一些藻类如硅藻、蓝藻、金藻、隐藻等也是形成赤潮的重要生物类群。其中有毒、有害赤潮生物以甲藻类群居多。

- 有孔虫（Foraminifera）。有孔虫是一类古老的单细胞动物，通过化石研究可知，5 亿年前就已在地球上出现，现在依然种类繁多，主要生活在海洋环境中。它们通过吸收海水里的矿物质，在细胞外建造钙质或硅质外壳“房子”来保护自己，外壳上有一个孔或多个小孔，以便伸出伪足，因此得名有孔虫。大多数有孔虫大小在 1 毫米以下，有些种类可达数厘米。有孔虫也是食物网中的初级消费者，它们以细菌、硅藻和其他动物的幼虫为食。当有孔虫的生命走到尽头，死亡后的外壳不会消失，会一层一层的飘落到海底，经过成百上千万年的不断沉积，形成了海底厚厚的有孔虫软泥，覆盖了现在约 30% 的海底表面。科学家们通过研究远古有孔虫外壳的化学成分，可以了解地球在人类出现之前的气候，重建古环境，进一步了解远古时代的气候变化情况。海洋污染事件，如石油泄漏等会影响有孔虫外壳的形成，因此有孔虫也可以用来开展海洋污染方面的研究。

知识拓展

我国的有孔虫研究：郑守仪，女，著名海洋生物学家，中国科学院院士。1931 年生于菲律宾马尼拉，1954 年在菲律宾东方大学获“商科教育”和“生物学教育”学士学位，1956 年回国，在中国科学院海洋研究所工作。郑院士迄今已详尽描记 1 500 余种有孔虫，包括 1 新科、1 新亚科、24 新属、290 新种；亲自绘制近万幅有孔虫形态图，完成上千测站（次）的定量计数工作，较全面而系统地总结了中国海域有孔虫区

形态各样的有孔虫

系、生态特性和多项有孔虫参数的分布规律，使我国现代有孔虫研究处于世界先进行列。

- 纤毛虫（Ciliophora）。纤毛虫是原生动物中进化最为高等复杂的类群，在其生命周期中的某些阶段具备纤毛，用来运动和收集食物。它们大小大都在 10~1 000 微米之间。这种单细胞动物，具备多倍体的 1 个或多个大核，以及二倍体的 1 个至几个小核，大核负责基因表达，即控制代谢和发育功能，小核则是主管繁殖。纤毛虫在繁殖等生物学研究方面是重要的模式生物，有重要的科学研究价值。目前，人类所描述认知的纤毛虫大约 8 000种，这类生物以水环境中自由生活类型为主，有些类群与其他生物共生，对宿主无害，有些则为寄生，对宿主有害。

知识拓展

我国海洋纤毛虫研究：中国海洋大学海洋原生动物学研究室成立于 1997 年，领衔科学家为中国科学院院士宋微波。研究方向包括细胞学、多样性、分子系统学、表观遗传学等，累计发表本领域国际主流刊物论文 440 余篇，出版专著 3 部、译著 1 部以及在境外出版专集两部。被国际同行评价为“全球海洋纤毛虫系统学领域的研究中心”。在纤毛虫细胞发育和海洋类群分类学等分支领域具有国际领跑者的地位。

第四节　海洋植物

海洋植物是指光合自养的多细胞生物，属真核生物域植物界。常见的海洋植物主要包括大型藻类（multicellular algae/seaweeds）和海洋高等植物海草（seagrass）等。海洋植物为海洋生态系统中的各种生物提供氧气、食物和庇护场所。在近岸浅水区，水下丰富的植被能够为各种海洋无脊椎动物和鱼类提供产卵场、抚育场、避难所和饵料场，支撑起该区域可观的生产力和极大的海洋生物多样性。海洋植物是海洋生态系统中重要的生物组分之一，与人类关系紧密。

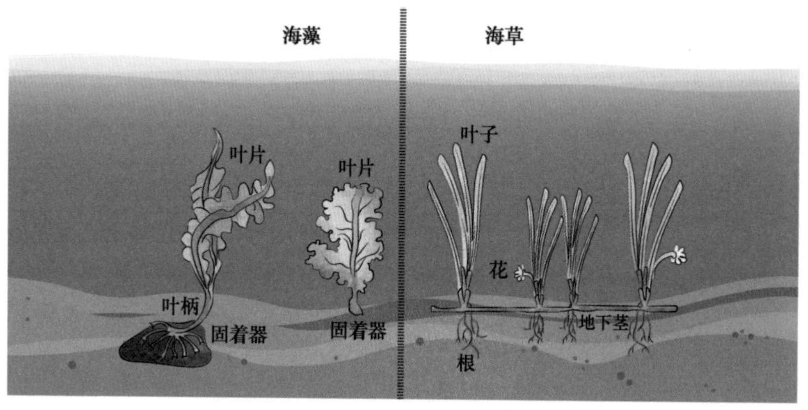

大型藻类（左图）和海草（右图）对比：海藻通过固着器固定在海床上，以扩散方式运送营养；海草为具根、开花的维管束植物，通过内部运输系统运送营养物质

大型藻类　包括红藻门、褐藻门、绿藻门，真核生物域植物界。大型藻类通过根状固着器（非根），固定在海底或其他结构表面。固着器只起固定作用，而不能吸收营养，这与高等植物的根明显不同。在岩石质底或硬质底的近岸浅水区，这些大型低等的海洋植物通常可以形成较大的生长密度，在 50 米以浅区域有成带分布（zonation）现象，特别是永久长在水下的种类与近岸因潮汐原因时常暴露的种类明显不同。我们可以借助白居

易的一句诗“人间四月芳菲尽，山寺桃花始盛开”来理解植物成带分布现象，即诗中所描述的景象是因环境的不同（海拔每升高 1 000 米温度下降约 6 摄氏度）造成景观时节差异和种类差异。只不过对海洋来说，同一区域的环境差异主要体现在水深、光照、营养、空气暴露等方面。大型藻类是海洋初级生产力的重要提供者，而且很多种类可以供人类食用，或者用于生物制药、工业原料和农业肥料等。例如，石花菜除了可以做成“凉粉”，还是琼脂的原料。很多大型藻类已可人工养殖，我国在海藻养殖领域世界领先。

- 褐藻（brown seaweed）。通常分布在温带和寒带冷水近岸海域，各种类因墨角藻黄素和叶绿素等色素含量的不同，颜色呈现从深褐色到橄榄绿色。褐藻从显微尺寸的丝状体到可长达 100 米的巨藻，全世界大约有 1 500种。常见种类如马尾藻、海带、裙带菜和鹿角菜等。

海带，又名纶布、昆布、江白菜，藻体为长条扁平叶状体，褐绿色，为多年生大型食用藻类，是世界上重要的经济性海藻之一。我国 20 世纪 50 年代即建立了海带育苗技术和养殖技术，养殖规模和产量均居世界首位。2019 年，我国海带产量约 162 万吨，占所有藻类产量的 64%，主要集中在福建、山东和辽宁地区①。

- 红藻（red seaweed）。藻体含有叶绿素、叶黄素和胡萝卜素，以及大量的藻红蛋白和藻蓝蛋白，因各类色素含量差别，藻体出现红、粉红、紫红等不同颜色。此类群通常尺寸较小，少数可达 1 米以上。常见种类如紫菜、石花菜、龙须菜、麒麟菜、红毛菜、珊瑚藻、海膜和江蓠等。

紫菜含有丰富的蛋白质、碳水化合物、不饱和脂肪酸、维生素和矿物质等，具有很高的营养价值，是红藻类群中重要的经济海藻。在食用方面，可以用来制作海苔、寿司或紫菜汤等。全世界紫菜大约有 130 种，其中被用于人工养殖的有 6 种左右。

- 绿藻（green seaweed）。大型绿藻属于真核生物域、植物界，尺寸一般不超过 1 米。其光合作用构成比例与种子植物和其他高等植物相似。

---

① 农业农村部渔业渔政管理局，《2020 中国渔业统计年鉴》。

养殖海带采收

紫菜

常见种类如浒苔、石莼和刚毛藻等。

• 浒苔。俗称苔条、青海苔，属于绿藻门、石莼目、石莼科，藻体为管状膜质，主枝明显，分枝多且细长茂密，属于广温广盐的大型海藻，分布广泛。浒苔无毒，但其大量生长会遮蔽阳光、死亡腐败会消耗氧气，导致海洋生态系统组分改变和多样性降低。2008 年以来，每年 5—8 月在我国黄海海域如青岛等地周期性暴发，造成海洋环境灾害、空气污染和滨海景观破坏等，给沿海地区造成严重的环境影响和经济损失。科学监测研究浒苔暴发任务艰巨，每年暴发期间的浒苔清理工作也耗费大量的人力、物力和财力资源。好的一方面是，浒苔含有丰富的营养成分，如粗蛋白、脂肪、氨基酸、不饱和脂肪酸、灰分等。目前，科研机构、企业等已开展各项浒苔变废为宝工作，并在医药、食品、饲料、肥料、环境、能源和化妆品等多个领域取得系列成果。

浒苔暴发对环境的影响

海洋高等植物　包括被子植物门，常见种类如大米草、互花米草等各种海草，以及红树属、秋茄树属、木榄属、角果木属、海桑属的各种红树植物。

海草床

• 海草（seagrass）。海草因通常具有长长的绿色草状叶子而得名，具有根、茎、叶，能够开花并产生种子，与海藻明显不同。因光合作用需要，大多海草生活在 1~3 米水深范围，尽管如此，一种叫毛叶喜盐草的海草被发现生活在 58 米水深处。世界已知海草约有 70 种，除南极大陆以外，从热带到北极海域都有海草的分布。

• 蓝碳（blue carbon）。海草能够捕获并存储大气来源的大量碳，储存在生长形成的根和叶子里。海草和与之相关的生物死亡后会沉积到海底，最终掩埋在沉积物里。根据估算，全球海草床每年能够捕获 8 300 万吨碳，沉积在包括海草床、红树林、盐沼等近岸生态系统沉积物中，这些碳存储在海洋中，因此叫作蓝碳。在存储能力上，占据 0.1%海底面积的海草床，存储了约 11%的蓝碳。目前，很多海草床已受到人类活动的影响，海草床覆盖面积每年以 1.5%的速度减少，20 世纪有 29%的海草床已经消失①。恢复海草生态系统的工作正在世界范围内开展。

值得注意的是，有些海草种类由于不当引进和环境变化等原因，可能出现暴发性增长，给人类社会经济带来危害。如一种叫互花米草的海草，从国外引进用于防护堤岸时，由于缺少天敌等生态控制机制，可能出现暴发性繁殖生长，对原有植被造成极大破坏。有的种类甚至可以从海岸侵入农田，造成巨大的经济损失。

• 红树林植物（mangroves）。狭义指生长在热带、亚热带地区河口、盐沼和泥质海岸带等潮间带的木本植物，具有明显暴露在外的支柱根，通常形成灌木丛或树林，即真红树植物，全世界有 54 种，主要分布在北纬 25°至南纬 25°之间。广义指红树林生态系统中的植物，包括木本植物、藤本植物和草本植物，共有约 80 种。因树皮含有丰富的单宁酸，被砍伐或者受到破坏时，单宁酸遇空气迅速发生氧化，使树干呈红色，便是“红树”名称的由来。红树林植物普遍具有特殊的能力，即能够生长在多盐和少氧的土壤底质环境。

潮间带含盐较多的底质环境，对大多数高等植物来说是一个天然屏障，但红树林植物却可以在此处茂盛生长，有些种类甚至可以耐受盐度高达 75 的高盐环境。红树植物是怎么做到的呢？它们的耐盐机制有两种，

① https：//ocean.si.edu

一种是分泌方法，把盐分直接排出植物体外或存储在含水量较多的肉质叶子中并及时将其脱落以降盐；另一种则能够直接抵抗渗透压防止水分流失并阻挡盐分进入。

生态功能上，红树林能够为其他生物提供良好的栖息环境，支撑为数众多的物种量、可观的生物量以及成熟多样的食物网。对鱼类，特别是小鱼来说，交错的支柱根环境就是躲避捕食者的安全天堂。红树林植物衰老落下的叶子又是贝类、虾蟹类等海洋动物的食物，这些生物死后以及腐败的叶子等又支撑了大量微生物的生长。健康的红树林生态系统也能保持潮间带环境的稳定，使这一生态系统中的物质不断循环，能量持续流动。

第五节　海洋真菌

提起真菌，我们最先想到的可能是五彩斑斓的陆生蘑菇，再深入一点了解，则可以将其扩展到酵母菌、霉菌和大型的菌菇类（蕈菌 xùn jùn）等。真菌以前被归入植物类，后来学者们发现它们既不同于植物也不同于动物。这是一类有细胞壁的真核异养生物，它们没有叶绿素，不能进行光合作用，主要通过吸收环境和宿主身上的营养来生活。真菌是重要的有机碎屑分解者，是生态系统中的重要组分，此外许多大型菌菇是人类鲜美的食物。值得一提的是，真菌类群也是人类探索新型药物的重要来源，著名的青霉素就是霉菌的代谢产物。

这里所指的海洋真菌是指那些生活在海洋中、能形成孢子的真核微生物，是生态学概念，不是分类学定义。包括只能在海洋环境中生长、产孢的专性海洋真菌和源于陆地又能够适应海洋环境的兼性海洋真菌两大类。目前，人类大约鉴定了14.4万种真菌，据估算仍有90%的真菌尚未被发现。与海洋环境相关的真菌种类相对要少一些，这其中有大约1 100种是海洋环境专有种类①。

---

①　Amend, A. Burgaud, G. Cunliffe, M. et al. 2019. Fungi in the Marine Environment: Open Questions and Unsolved Problems. mBio, 10: e01189-18.

海洋真菌在海洋生态系统中发挥着重要的生态作用。在盐沼、红树林等海陆界面区域，海洋真菌与陆地真菌的生态功能大体相同，即与高等植物建立共生关系，在养分物质循环和有机物质降解方面发挥作用。一些海洋真菌与其他海洋动物、植物和单细胞藻类存在共生或寄生关系，如生活在大型藻类、珊瑚、海绵、甲壳类或大型海洋哺乳动物甚至其他真菌的体表或体内，就连最初级的生产者如甲藻或硅藻也会感染真菌。海洋真菌感染导致其他生物疾病的情况相对容易鉴别，有研究显示海洋真菌感染可能是导致珊瑚礁死亡的原因之一。可以确信的是海洋真菌也在深水区、热液、冷泉等各种海洋环境中发挥重要作用，但相关研究工作相对较少，尚未建立比较全面的知识体系。有些海洋真菌能够降解微塑料和碳氢化合物，如在海洋溢油相关的海底区域，出现海洋真菌的急剧增多，这为人类解决原油泄漏和海洋微塑料危机问题提供了潜在的可能途径。

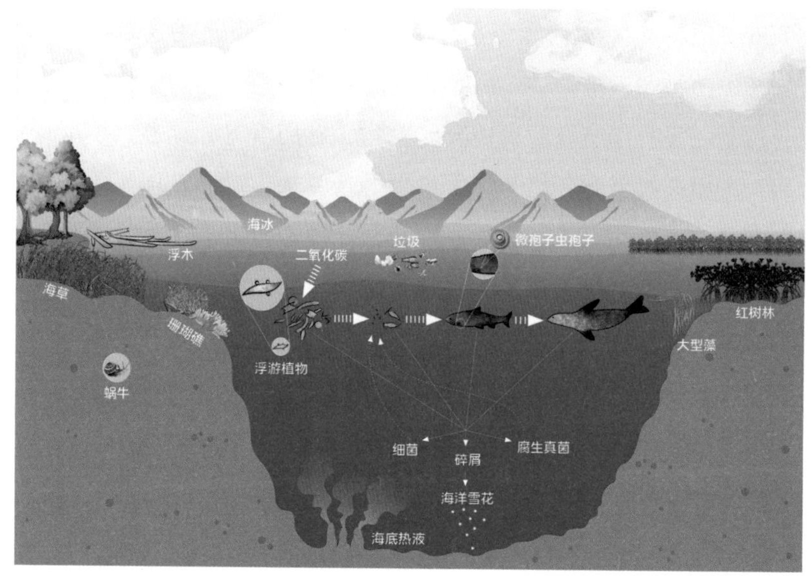

海洋真菌栖息环境多样性及其在生态系统中的作用

随着人类对海洋真菌的了解和认识愈加深入，其潜在的应用领域也更加广泛。海洋真菌的生存条件包括高盐、高压、极冷、极热等环境，其次生代谢和酶反应机制与陆地真菌差别显著，因此其次生代谢产物结构丰富多样。较多的研究力量首先聚焦在对海洋真菌自然产物的发现和分离上，包括能够抗菌和抗肿瘤的次级代谢产物。随着海洋探索逐步进入深海大洋，新的采样技术、分子生物技术等手段不断运用，将加速海洋真菌活性产物的研究，海洋真菌次生代谢产物可能成为人类未来创新药物的重要来源。

第六节　海洋无脊椎动物

海洋动物是多细胞真核生物类群，与植物界和真菌界区分开来，属动物界。类似于我们称单细胞动物为原生动物的叫法，也可称多细胞动物为后生动物。后生动物细胞的最基本特点之一是出现分化，即不同的细胞发挥不同的功能，比如用来感觉、运动、营养、神经等，这与单细胞动物一个细胞就是一个完整的生命体显著不同。海洋动物是一个庞大的类群，与人类关系非常密切，外形和尺寸千变万化，几乎包括我们能够想象的各种类型。它们有些特点我们可以预测到，有些性状则会让人觉得奇怪异常。它们有些需要显微镜才能看到，有些则是世界上尺寸最大的生物。海洋动物从海面一直到海底都有分布，从游泳能力和生活习性等角度可分为 3 个生态类群，即游泳能力弱或毫无游泳能力的浮游动物，游泳能力强的如大型虾蟹类、鱼类等游泳动物，还有底栖生活的穴居、管居、固着生活和海底小幅度活动的海洋底栖动物。海洋浮游动物生活在海水较浅水层，通常是光能透过的地方，摄食浮游植物和其他小型海洋动物。游泳能力强的种类摄食其他海洋动植物。底栖类群以有机碎屑、动植物尸体或其他生物为生。

海洋无脊椎动物类群非常丰富，主要类群包括无脊椎的海绵动物（也称多孔动物）、腔肠动物（如水母、珊瑚虫）、扁形动物（涡虫）、线虫、轮虫、环节动物（如沙蚕）、软体动物（各种贝类、乌贼等）、节肢动物（虾蟹类）、棘皮动物（如海星、海胆）等。下面让我们来认识一下它们吧。

海绵动物(Spongia)　因体表多孔也叫多孔动物（Porifera)。成体固着生活并富有色彩，长期以来被认为是植物，后因显微镜的应用以及生理学等学科发展才证实其为多细胞动物，在动物进化史上是较早分支的类群，为比较古老原始的后生动物。海绵动物形态丰富，有致密多孔的骨架（钙质或硅质）支撑和保护，呈块状、管状、伞状、杯状和扇状等。海绵是滤食性动物，水流通过体表孔隙流入体内进入中央腔，滤除食物后水流通过顶端排水孔流出。海绵动物因体内共生藻类而呈现丰富的色彩。

形态各异的海绵

已发现的海绵化石种类约 900 种，现生种类约 5 000 种。现生种类分为 3 个类群，即六放海绵纲、钙质海绵纲和寻常海绵纲。除寻常海绵纲淡水海绵科的少数种类外，其他种类皆为海生。

海绵生长所形成的环境通常能成为其他海洋动物良好的生活场所，很多甲壳类、软体动物和小鱼等可以生活在海绵的体腔内。比较有趣的例子是一种叫偕老同穴的海绵，骨骼白色的俪虾幼体经常成对进入玻璃海绵体腔内，长大后难以从海绵排水孔中出来，就永远留在海绵体内白头到老，这种海绵形状多为花瓶型或柱型，插于深海软泥底，所以又被称为“维纳斯花篮”（Venus’s flower basket），其干制品可以作为非常好的婚庆礼物。

腔肠动物（Cnidaria） 也叫刺胞动物。呈管状或伞状，为一端开口一端封闭的囊袋样动物，口端有多个触手，体壁由内胚层和外胚层细胞组成，辐射对称或近似辐射对称。常见动物有水螅、水母、海葵和珊瑚虫等。下面我们通过几个具体例子来认识腔肠动物。

- 海蜇。海蜇是水母中的一种，是重要的可食用渔业种类，在我国的开发利用历史超过 1 000 年。夏秋时节，海蜇常成群浮游于海面，刺穿伞体用网捕获后，再用石灰、明矾浸制，榨去水分，洗净盐渍。口腕部俗称“海蜇头”，伞部俗称“海蜇皮”。2019 年，我国海蜇产量约 9 万吨，主要产出省份为辽宁省，份额占全国产量的 80%以上。

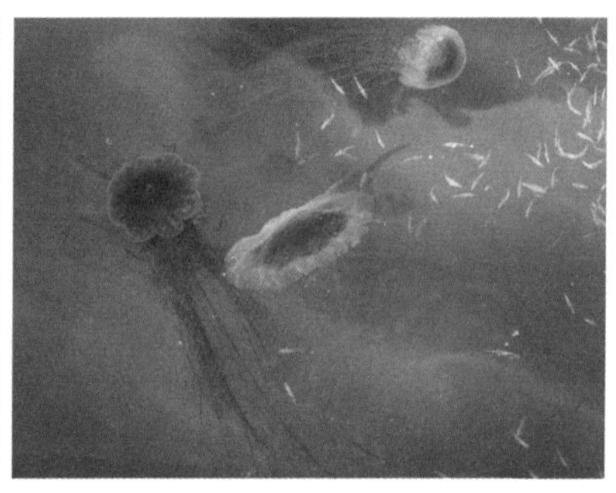

水母

- 珊瑚（Anthozoa）。腔肠动物中的一大类群，为结构复杂的水螅体，无水母体发育阶段，身体呈管状，口周边有中空的触手，通常因体壁共生藻类而色彩艳丽。海葵、珊瑚、海笔都属于这一大类群，也称作“flower animals”。珊瑚全部为海生种类，有单体和群体形式，从潮间带到几千米海深都有分布。单体可以固定在硬质底或埋在软泥和沙中，群体形式如造礁珊瑚可以建造宏伟的骨架。

石珊瑚与珊瑚礁。石珊瑚（stone coral）是珊瑚纲中最大的一个目，能够形成碳酸钙骨骼，是典型的热带海洋动物，需要高温、高盐、高透明度和硬质底的生活环境。石珊瑚的生存依赖于共生的虫黄藻（zooxanthellae），二者为互利共生关系。虫黄藻吸收石珊瑚产生的含氮废物和二氧化碳进行光合作用，为石珊瑚提供氧气、除去废物，并加快其碳酸钙的生产。珊瑚礁，包括裙礁、堡礁、环礁 3 种类型，是热带水域以造礁珊瑚（reef building corals/hermatypic corals）为主分泌的钙质生物遗骸沉积，以珊瑚骨骼为主形成骨架，并填充其他生物的骨骼碎片，形成石灰岩岩礁。最著名的珊瑚礁是大堡礁（Great Barrier Reef），在澳大利亚东北侧的太平洋海域，为全世界最长最大的珊瑚礁，宽 2~150 千米，绵延 2 000 千米长，覆盖面积超过 20 万平方千米。

珊瑚礁能够为其他动植物提供庇护场所，又有防波浪、避风和护岸作用，是具较高生产力的生态系统，也是渔业生产和旅游之地。有估算显示，珊瑚礁以占不足 2%的海底面积支撑了约四分之一的海洋生物多样性，被称为海洋里的热带雨林。不幸的是，人类活动和环境变化也对珊瑚礁产生了严重威胁，如过度渔业、海洋污染、环境变化、海洋酸化等问题，导致珊瑚死亡和部分区域珊瑚礁完全消失。珊瑚的白化死亡会导致珊瑚礁生态系统的崩溃，包括生产力下降、相关生物类群死亡、生物多样性丧失等问题，使相关区域海洋荒漠化。

白化的珊瑚

线虫（Nematoda）　线虫是一类两侧对称，不分节，无附肢，三胚层，具假体腔的蠕形动物，种类和数量极多，自由生活在海水、淡水、陆地或寄生于各种其他生物体内外。寄生性线虫可以导致陆地上各种动植物包括人类疾病。海洋自由生线虫几乎全部生活于海底底质中，大小多在0.1~1毫米，较大的种类能达到几个厘米，在底栖后生动物中数量最大。

目前全世界已记录的自由生海洋线虫约4 000种，在底栖环境中的丰度可以达到每平方米2 000万个。因其极大的丰度和多样性、稳定的生命周期、较小的活动范围，加之采样方便等原因，海洋线虫的密度、物种构成和群落结构变化等指标可以用来反映海洋环境的健康程度，与其他小型底栖类群共同成为海洋底栖环境的重要生物指示者。

环节动物(Annelida)　为真分节、具真体腔、多具疣足和刚毛的蠕虫状动物。一般认为，动物演化是从“简单到复杂”，环节动物具真体腔并分节在进化中具有重要意义。环节动物门已报道大约9 000个物种，主要包括海洋类群为主的多毛纲，陆生类群为主的寡毛纲、蛭纲3个类群。海洋中常见的多毛类如沙蚕，陆生寡毛类如蚯蚓，蛭类如蚂蟥等，大家比较熟悉。

沙蚕的群浮和婚舞现象：多数沙蚕种类的生殖对策是一定时期同时从栖息地离开浮到海面排精放卵，使雌雄生殖细胞能够相遇，这种现象称为群浮。有些种类在群浮时雌雄个体通常相伴做圆形旋转运动，同时排精放卵，这种现象称为婚舞。群浮或婚舞之后，成虫多沉于海底死去，将受精卵留给海洋去抚育。

已知的海洋多毛类约6 000种，生活方式包括自由生、固着生和管栖3个类型。海洋多毛类是海洋生态系统的重要成员和食物链重要环节，另外，它们通过吞咽泥沙而成为海底沉积物的翻耕者，改善底质结构，指示海洋环境健康状况。也可以通过养殖作为其他渔业品种的饵料或人类食品，以及药物开发。

软体动物(Mollusca)　软体动物是海洋、淡水和陆地环境的常见动物，身体通常由头、足、内脏团、外套膜和壳5个部分构成。人类食用软体动物历史悠久，宝贝科的贝类在古代还被用作货币。我国在软体动物养殖方面占有重要地位，根据《中国渔业统计年鉴》的数据，我国贝类养殖约占整个海水养殖量的70%，2019年超过1 400万吨。海洋软体动物主要可分为7大类群，即原始的无板类（无壳）如新月贝；较为原始的单板类（具单个壳）如新蝶贝；多板类如石鳖；腹足类如脉红螺、鲍鱼、海牛、海兔等；双壳类如蛤蜊、竹蛏；掘足类如角贝；头足类如鹦鹉螺、乌贼、章鱼等。软体动物除无板类和单板类多栖息于深海海底外，其他大多类群在潮间带都有分布，较为常见，下面我们来举例进一步认识和了解。

- 石鳖。两侧对称椭圆形，口和肛门分别位于前后端，体背具8块覆瓦状壳板，外周有具角质刺束或鳞片、毛等的环带，全部为海洋种类，匍匐爬行于海底岩礁等硬物上。

石鳖

- 脉红螺。脉红螺是常见的腹足纲动物，单壳螺旋或退化，因身体随壳扭转呈次生不对称。脉红螺是具较高经济价值的海洋捕捞对象，壳近梨形，高10~14厘米。壳面黄褐色，密生低而均匀的螺肋，有棕色点线花纹，壳口橘红色。

- 文蛤。文蛤是常见的双壳类动物，体侧扁，两侧对称，以韧带扣合两块片状钙质壳，广泛分布于潮间带至浅海有淡水流入的平坦细沙海底，以足潜钻埋栖生活。其他常见的双壳类如扇贝、贻贝（海虹）、竹蛏、毛蚶等。

- 鹦鹉螺、乌贼和章鱼。乌贼、章鱼和鹦鹉螺都属于软体动物头足纲。鹦鹉螺具多室平面盘旋的外壳和无吸盘的口腕80~90个，另外两类为10腕类的乌贼和8腕类的章鱼（蛸）。乌贼、短蛸和枪乌贼等是重要的可食用、药用的经济种类。

脉红螺

鹦鹉螺

普通乌贼

甲壳动物(Crustacea)　甲壳动物是节肢动物（动物界中最大的一个门类）中的一大类群，身体分节，体外具周期性蜕皮的外骨骼，个体多有变态发育过程，如虾、蟹、桡足类等。身体结构方面，两侧对称，通常可分为头、胸、腹3部分（或头部和躯干部，或头胸部和腹部），头部具两对触角、1 对大颚和两对小颚共 5 对附肢。

● 中国对虾。中国对虾主要产于黄、渤海，属洄游性甲壳动物，体长在 20 厘米左右，雌虾略大，身体分为头胸部和腹部，全身由 20 个体节构成。生活史中要进行越冬洄游和生殖洄游两次洄游（洄游是指水生动物在一定时间、沿一定空间/路线远距离周期性运动）。

● 三疣梭子蟹。头胸甲呈梭子形，甲壳的中央有 3 个突起，因此得名。雄性脐尖而光滑，雌性脐圆有绒毛。梭子蟹肉肥味美，有较高的营养价值和经济价值。

● 口虾蛄（*Oratosguilla oratoria*）。身体扁平，第二对附肢大，似螳螂的前足，幼体和成体都善游泳。多生活于近岸水域中，常在浅海沙底或泥沙底掘“U”字形穴。为肉食性动物，多捕食小型无脊椎动物。此类动物体能以尾肢摩擦尾节腹面或以掠肢打击而发声。

棘皮动物(Echinodermata)　棘皮动物是动物界中古老又特殊的类群，其幼虫为两侧对称，而成体为五辐射对称，全部为海生种类，多营底栖生活，常见的如海参、海胆、海星、蛇尾、海百合等。棘皮动物类群很多，已知的现生种类约 6 500 种，化石种类则超过 13 000 种。棘皮动物通常会吃腐烂的动植物尸体，因此是海底高效的清道夫（食腐动物），同时也会摄食各种小型动物，从而调节它们的种群数量，维持生态系统的平衡与稳定。当然，在过量繁殖生长的时候，棘皮动物也会破坏生态系统，比如在热带海域大量繁殖的海胆会过量吃掉海草床上的海草，破坏海草床生态系统，影响其他海洋生物的生存。海星也会摄食如牡蛎等经济性的贝类软体动物，甚至吃掉正在生长的珊瑚虫。

● 海参（俗称海黄瓜，sea cucumber）。身体呈软圆柱形，体长通常 2～200 厘米，厚度（直径）1～20 厘米，体色暗淡或深色，通常具圆锥形肉刺（疣足），让人很容易联想到黄瓜，因此也叫海黄瓜。其口周具 10 个或更多可收缩的触须，用以摄食富含营养物质的底泥和其他小型动物，可用来挖洞。海参的肛门开口用来呼吸和排泄废物。许多海参可以将自己的内脏通过肛门排出体外，用于迷惑和躲避捕食者。不过不用担心，海参还可以重新生长出来一套新的内脏。海参高蛋白，低脂肪，低糖，富含多种人体必需的氨基酸、维生素、脂肪酸和微量元素。食用海参在亚洲地区特别是我国非常流行，人类已大规模养殖海参用于食品和药品补充。

• 海胆（sea urchin）。身体呈球形、盘形或心形，内骨骼互相愈合，形成一个坚固的壳。颜色有棕色、紫色、橄榄色及黑色等。多数生活在岩石、珊瑚礁及硬质海底，主要靠管足及刺运动，通常以藻类、浮游生物和其他小型动物为食。食物丰富时，很少移动，食物缺乏时，每天可移动数十厘米。

• 海星（sea star）。体扁平，多为五辐射对称，口面向下，反口面向上。体表具棘和叉棘，为骨骼的突起。多数海星种类具有 5 条腕，有些种类的腕则可多达几十条。腕腹侧具步带沟，沟内伸出管足。海星类都是肉食性动物，可以取食贝类、甲壳类、多毛类，甚至鱼类等。其中有些种类是单食性的，如仅食双壳类动物。

第四章　丰富的海洋资源

浩瀚的海洋不仅是生命的摇篮，也是自然资源的巨大宝库，更是地球表面尚未开发的最后空间。随着陆地资源逐渐枯竭，人口、资源、环境三大问题不断加剧，人类对海洋资源的关注度和开发预期不断提升。20 世纪 50—60 年代以来，海洋探索快速发展，人类对海洋自然资源的认知不断拓展。目前，国际公认的海洋自然资源主要包括海洋生物资源、海水化学资源、海洋矿产资源、海洋空间资源、海洋能资源等。我们深信，这仅仅是海洋资源很少的一部分，随着人类社会的发展和科技的进步，未来海洋必将能够为人类提供更多新的生产或生活资源。目前，以深海油气、多金属结核、富钴结壳、海底热液硫化物、天然气水合物（可燃冰）、深海生物资源为代表的公共国际海底战略性资源，成为世界各国关注和争夺海洋的新一轮焦点。我国是海洋大国，拥有丰富的国内海洋资源，也理应享有国际公共海域资源份额。落实习近平总书记进一步关心海洋、认识海洋、经略海洋的重要指示精神，我们应当从关心、认识、保护海洋自然资源做起。

第一节　海洋生物资源

海洋生物资源是一个熟悉的概念，但目前学术界并没有国际公认或权威的定义。据报道，神秘的海洋蕴藏着丰富的生物种类，人类已知的海洋物种已达 25 万种。但人类对海洋生物资源本质与数量的认知仍然只是一知半解。广泛意义上，海洋生物资源主要指海洋中蕴藏的对人类具有一定经济价值的海洋植物、海洋动物和海洋微生物有机体以及由它们所组成的生物群落。按照生物学特征，海洋生物资源可分为海洋动物资源、海洋植物资源和海洋微生物资源。站在资源开发的角度，海洋生物资源可划分为群体资源、遗传资源和产物资源①。海洋生物资源是一种可持续利用的再生性资源，主要特点是通过生物个体和亚群的繁殖、发育、生长和新老替代，使资源不断更新，种群不断补充，并通过一定的自我调节能力维持数量和种类的相对平衡。本节所讲海洋的生物资源是从资源开发利用的角度来划分的。

一、海洋群体资源

海洋群体资源是指具有一定数量且聚集成群的生物及个体，形成人类采捕的对象，是人类食物的重要来源。

（一）鱼类资源

鱼类资源是海洋群体资源的主体，鱼类渔获量占全球海洋渔获量的80%以上。海洋鱼类种类繁多，全世界约有16 000种，中国约有2 000种。分布很广，从赤道到两极海域，从近岸浅水海域到深海大洋均有分布。2018年，全球海洋渔获总量为8 440万吨②，其中有鳍鱼类渔获总量为7 173万吨，约占海洋捕捞渔获总量的85%，主要以中、上层小型鱼类为主，其次是鳕形目以及金枪鱼和类金枪鱼。中国依然是世界上海洋捕捞量最大的国家，2018年的捕捞量为1 270万吨。

1. 鱼类资源价值

自古以来，海洋就是人类获取健康食物的“蓝色粮仓”。早在新石器中晚期，近海鱼类捕捞已经成为沿海先民谋生的主要手段，人类已能熟练地开展捕鱼活动，在赤手捕捉的基础上，逐渐发展出垂钓、鱼叉、弓箭射杀、声响诱捕、浅海撒网等方式，甚至一些地方已能够利用木筏和小船，

---

① 唐启升，中国海洋工程与科技发展战略研究，海洋生物资源卷，北京：海洋出版社，2014年。

② 2020年世界渔业和水产养殖状况-联合国粮食及农业组织（FAO）。

原始捕鱼业日渐发展成熟。1900年前，美国、加拿大和日本的渔业最为活跃。即使如此，鉴于当时的技术和装备有限，捕捞数量也仅以千克为单位，食用的鱼类大多数是海底物种和小型远洋物种①。

1953年，英国建成了世界上第一艘大型冷冻拖网渔船 *Fair Try* 号，代表着真正大型远洋拖网渔船捕鱼的开始。远洋渔业的快速发展为人类的餐桌上带来营养更丰富、种类更繁多的海产品，比如，金枪鱼、秋刀鱼、竹荚鱼、鳕鱼、柔鱼（大洋性鱿鱼）、虾等。目前，全球渔获量已经以万吨来计算，主要经济鱼类有阿拉斯加鳕、鲣、沙丁鱼、宽竹荚鱼和竹荚鱼、大西洋鲱、太平洋白腹鲭、黄鳍金枪鱼、大西洋鳕鱼、日本鳀、鯵、沙丁鱼、白带鱼、蓝鳕和鲭鱼等。

鱼类资源是优质蛋白的重要来源，更是稀缺优质脂肪的主要来源。鱼类蛋白质含量高，多在15%~20%，含有大量人类生长所必需的8种氨基酸，其中赖氨酸含量比植物性食物高出许多。脂肪含量低，一般不超过5%，大部分为不饱和脂肪酸，极易被人体吸收利用。不仅鱼肉可以食用，鱼头、鱼骨和鱼皮中都含有丰富的微量营养素，可以加工成鱼肉肠、鱼肉酱等海洋休闲食品，满足人类生活高端需要②。

据统计，全球鱼类总产量中约80%以上用于供人类直接食用，是人类餐桌上重要的食品组成。其余的用于非食品用途，主要是用作鱼粉和鱼油。从全球来看，2017年在全球人类总蛋白摄入量中，鱼类提供的蛋白量占7%；在人类动物蛋白摄入量中，鱼类提供的蛋白量占17%。在一些经济不发达和低收入缺粮国家，如孟加拉国、柬埔寨、冈比亚、加纳、印度尼西亚、塞拉利昂、斯里兰卡等国家和一些小岛屿发展中国家，由于主食可选择品种较少，鱼类提供的蛋白质占动物蛋白摄入量的50%以上。

知识拓展

世界四大渔场：日本北海道渔场、纽芬兰渔场、北海渔场和秘鲁渔

---

① 渔获量从数公斤到数万吨，人类150年全球渔业变迁史。智渔。

② 海洋食品安全，https：//wenku. baidu. com/view/629b0b7aeef9aef8941ea76e58fafab068dc4479. html。

场。其中，曾经生产鳕鱼的纽芬兰渔场由于肆意捕捞，已经渐渐消亡。

中国四大渔场：黄渤海渔场、舟山渔场、南部沿海渔场和北部湾渔场。中国四大渔场曾经也是非常有名的，但是因为不合理的捕捞，导致渔场名存实亡。

2. 世界典型经济鱼类

● 鳕鱼。鳕鱼是广泛分布于世界各大洋、生活在海洋底层的冷水性鱼类，“血统正宗”的鳕鱼是指在分类学中属于鳕科、鳕属的鱼种，只有大西洋鳕、太平洋鳕和格陵兰鳕3种。这里所说的鳕鱼是指广义的鳕鱼范畴，即鳕形目的所有种类，其范围非常广，种类繁多。鳕鱼是全球捕捞量最大的鱼类之一，年产量超过1 000万吨，主要捕捞种类有太平洋真鳕、狭鳕、无须鳕等，作业渔场主要分布在加拿大、冰岛、挪威、俄罗斯和日本等国家。我国黄海北部也有鳕鱼渔场。鳕鱼肉质鲜嫩、肉多刺少、营养丰富，是欧美地区人民重要的动物蛋白质来源，具有较高的经济价值，因此成为各沿海强国的战略资源争夺对象，历史上著名的“鳕鱼战争”也因此而爆发。

生活在海洋深处的大西洋鳕鱼

知识拓展

“鳕鱼战争”。“鳕鱼战争”发生在冰岛和英国之间，前后共爆发3次，持续时间近20年。第一次战争发生在1958年，当时冰岛刚刚脱离丹麦统治、实现独立不过十几年时间，以鳕鱼捕捞为主的海洋渔业是其国家发展的重要支撑，为充分保护利用沿海渔业资源，冰岛建立了专属经济区，要求各国捕捞船只离开冰岛12海里，在其他国家渔船纷纷撤离后，英国拒不后撤，并派出军舰保护渔船，双方开火交战，爆发了著名的“鳕鱼战争”。当然，由于冰岛军事力量较弱，英国顾虑两国北约成员国的身份，双方只是互相震慑、恫吓，并未伤及人员，也没有因此而将战事升级，最后通过和平谈判暂时解决了冲突。后来在1971年和1974年，冰岛宣布专属经济区扩大为50海里和200海里的时候，两国之间又爆发了战争冲突，北约、欧共体等机构纷纷出面调停，并于1976年宣布，欧洲各国均设立200海里的海洋专属区。“鳕鱼战争”终于画上句号，200海里专属经济区也成为各国公认的划界标准①。

- 金枪鱼。金枪鱼在分类学上属于鲈形目、鲭科，是全球公认的高端海洋经济鱼类，素有“海洋黄金”之称，广泛分布于印度洋、太平洋、大西洋热带和亚热带水域，属于大洋性洄游鱼类。金枪鱼体型较大，体长通常在1~3米，体重可达600千克。金枪鱼活动范围很广，自海水表层至几百米均有分布，最深在9 000米海底检测到金枪鱼的活动。金枪鱼肉质鲜嫩，蛋白质含量较高，富含DHA（二十二碳六烯酸）、EPA（二十碳五烯酸）等生物活性物质，以及丰富的矿物质、维生素和牛磺酸等成分，具有很高的营养价值和经济价值，因此成为沿海各国争夺的深海生物资源热点，2018年全球产量达790万吨，主要经济种类有黄鳍金枪鱼、大眼金枪鱼、蓝鳍金枪鱼、长鳍金枪鱼等，其中黄鳍金枪鱼产量最高，蓝鳍金枪鱼最为名贵，通常用来制作生鱼片，也可做成罐头、冷冻品等水产食品。由于过度捕捞和生长缓慢，金枪鱼数量与种群都呈下降趋势，其中蓝鳍金枪鱼被世界自然保护联盟认定为濒危物种。

---

① 张秦瑜，冰英“鳕鱼战争”爆发起因探究，文化学刊，2019年第5期，35-39页。

黄鳍金枪鱼

蓝鳍金枪鱼

金枪鱼养殖场

• 大麻哈鱼。大麻哈鱼学名太平洋鲑，是一种凶猛的肉食性鱼类，体长可达 1 米，又称作北鳟鱼、罗锅鱼、麻糕鱼。大麻哈鱼和我们通常所说的三文鱼是近亲，它们同属于鲑形目鲑科，因此，它们体型相近、营养价值相仿，都是生鱼片的重要来源。另外，大麻哈鱼的鱼子比一般鱼子大很多，外貌品质、营养价值也非常突出，蛋白质和卵磷脂含量高，能够起到调节人体神经系统、平衡脂肪代谢的作用，是非常名贵的鱼子酱原料。

大麻哈鱼

大麻哈鱼属于冷水性溯河产卵洄游鱼类，俗称“海里生，江里死”，一生中仅产卵一次，产卵量为 3 000~5 000 粒，产卵后便死亡。幼年生活在北太平洋、白令海、鄂霍次克海和日本海等海域，大约 4 年达到性成熟时，洄游至江河淡水水域产卵。我国黑龙江抚远市是大麻哈鱼的故乡，由太平洋洄游而来的成鱼于 11 月前后在此产卵，雌鱼和雄鱼会共同用尾鳍拨动砂砾做卵窝，将卵埋在下面，然后守卫在卵窝周围，极尽父母职责。受精卵经一冬低温孵育，翌年春天冰雪融化时才孵出仔鱼，在产卵场停留 1~2个月，再随流而下进入太平洋生长，因此抚远又称作“大麻哈鱼之乡”。大麻哈鱼的中文名就是来自黑龙江省赫哲语的音译①。

• 秋刀鱼。秋刀鱼属颌针鱼目、竹刀鱼科、秋刀鱼属，主要分布于北太平洋海域，由于其体形修长如刀、生产时期在秋季而得名。秋刀鱼是一种经济性较高的中上层鱼类，白天在海水深度 15 米上下的水层活动并摄食，食物以虾、鱼卵、桡足动物等为主。夜间则停止摄食，浮至海域的表层活动，这种行为叫昼夜垂直移动现象。目前发现的秋刀鱼共有 4 个群系，其中太平洋秋刀鱼已被大规模商业开发，主要捕捞国家有日本、韩国、俄罗斯和中国等。

秋刀鱼味道鲜美，已有 100 多年的开发食用历史，尤其是日本，将秋刀鱼资源的开发利用发挥到极致。据估计，秋刀鱼的年资源总量为 500 万

---

① 石琼，范明君，张勇，中国经济鱼类志，武汉：华中科技大学出版社，2015 年。

秋刀鱼

吨左右，仅日本年渔获量就达30万吨。由于秋刀鱼在日本当地价格较低，因此成为有悠久历史的传统平民美食，开发了秋刀鱼寿司、烤秋刀鱼、蒸秋刀鱼等多种食用方式，尤其是烤食秋刀鱼内脏的苦味已经成为日本饮食文化的一个象征。

- 带鱼。带鱼是我国沿海常见的鱼类，在沿海各海域均有分布，和大黄鱼、小黄鱼及乌贼并称为我国四大海产。带鱼体型扁平细长，体长1米左右，头尖口大，至尾部逐渐变细，体表鳞片退化，但遍布一层闪闪发光的银粉，颇有特色。我国带鱼年产量超过100万吨，是海洋捕捞鱼类中产量最高的品种。南、北方带鱼有所不同，分布于渤海、黄海的北方带鱼个体较大，体型较宽，一般在春天洄游至渤海区域形成春季鱼汛，秋天结群返回黄海南部越冬形成秋季鱼汛。日照、青岛等地区将带鱼称为鲌鱼。分布在东海以南区域的带鱼为南方带鱼，每年沿东海海岸带随季节不同作南北向移动，春季向北作生殖洄游，冬季向南作越冬洄游，形成春汛和冬汛两个捕捞季。

浙江舟山渔场是我国最大的渔场，也是我国带鱼的最主要来源，2019年，浙江省带鱼产量达38万吨，占我国带鱼总产量的40%以上。舟山带鱼肉质鲜嫩，品质上乘，是可以用来清蒸的带鱼食材，被称为世界上最好吃的带鱼，因此评为全国首批海鲜类地理标志商标，并入选中欧地理标志第二批保护名单。

带鱼

（二）甲壳类资源

全世界约有 2 万余种甲壳类生物，主要分布在从潮间带到近万米的大洋深沟。2018 年，全球甲壳类资源渔获总量为 599.7 万吨，约占世界海洋捕捞渔获总量的 7%，是第二大重要的经济渔业捕捞种类，主要以我们常见的对虾类和蟹类为主。

1. 甲壳类资源价值

虾、蟹类也是人类重要的食物来源，由于肉质鲜美，且营养丰富，故经济价值很高，已成为最受欢迎的优质海产食品。虾、蟹类蛋白质含量很高，海虾中钙的含量是禽畜肉的几倍至几十倍，还含有丰富的钾、碘、镁、磷等微量元素和维生素 A 等成分，对于增强人体免疫力、预防高血压、高血脂、动脉硬化等有较好的作用。

除了虾、蟹肉，平时我们餐桌上吃剩的蟹、虾和龙虾的壳也是一种宝贵的材料，具有很高的利用价值。从虾、蟹壳中提取的甲壳素具有生物相容性、安全性、可降解性等优良性能，目前已被广泛应用于医药、农业、食品、造纸、废水处理等领域。在工业上可用作废水处理剂、饮用水净化剂、纸张增强剂、纸张表面改性剂、染料和固色剂。在饲料工业上，可用作鸡、猪、牛、鱼等动物饲料添加剂。在绿色农业制剂方面可做农药、植物生长调节剂、保鲜剂和肥料。在医疗上可用于人工角膜、人工皮肤、人工软骨、人工肌腱、人造血管、高端止血剂、可吸收性手术缝合线、化妆品等。

2. 世界典型经济甲壳类资源

● 对虾。对虾属于节肢动物门、甲壳纲、十足目、对虾科，常见种类有中国对虾、斑节对虾、凡纳滨对虾（又称南美白对虾）等。对虾体外由一层几丁质的外骨骼甲壳包被，由其下面的表皮细胞分泌而来。对虾整体由头胸部、腹部、尾节和附肢等部分构成，头胸部背面和两侧覆盖的大甲壳叫作头胸甲，其前方有一对细长尖利的额角，俗称虾枪，是防御敌人的武器。额角上的短齿数量是对虾分类的重要依据之一。对虾血液中含有血蓝蛋白，因此呈淡蓝色。对虾在各海区均有分布，自然栖息地多为泥质海底，成虾多生活在离岸较近的沿岸水域。

目前，常见的对虾多已实现人工养殖，其中养殖最多的种类是凡纳滨对虾，由于其耐高温低盐、生长快、抗病力强等优点，成为世界上公认的优良养殖品种。我国最初在 1988 年由中国科学院海洋研究所从美国夏威夷引进，到 2000 年实现了大规模养殖。目前，我国凡纳滨对虾养殖年产量超过 100 万吨，居全球第一，占我国虾类产量的近 80%。中国对虾是我国特有的养殖种类，以中国水产科学研究院黄海水产研究所赵法箴院士为首的科学家们经过多年研究，突破了中国对虾的人工育苗、高产养殖技术，培育了“黄海 1 号”等多个优良品种，建立了现代化工厂养殖模式，对天津、河北、广东、福建等沿海地区海洋经济做出重要贡献。

● 三疣梭子蟹。三疣梭子蟹因其呈梭形、头胸甲有 3 个凸起而得名，广泛分布于日本、朝鲜以及我国的黄海、渤海和东海沿岸海域，是我国大型经济蟹类之一。梭子蟹有蜕壳的生理过程，一生要经过多次，代谢机能越旺盛，蜕壳次数越多。蜕壳时非常脆弱，基本完全失去防御能力，如若受伤壳将不能硬化，最终导致死亡。壳蜕完后，蟹身体会迅速长大，并在 12 小时内形成新壳，两天后即硬化，进入新的生长阶段。三疣梭子蟹营养丰富，肉质细嫩，含有丰富的蛋白质、氨基酸以及不饱和脂肪酸，甘油三酯含量较低，对“三高”人群友好。特别是在繁殖季节，蟹黄蟹膏肥满鲜美，蟹肉细腻清甜，为极具代表性的海鲜食品。同时三疣梭子蟹还是药、补两用的海洋珍品。具有防治肾亏劳损、神经衰弱、润肺养阴、补脑益智

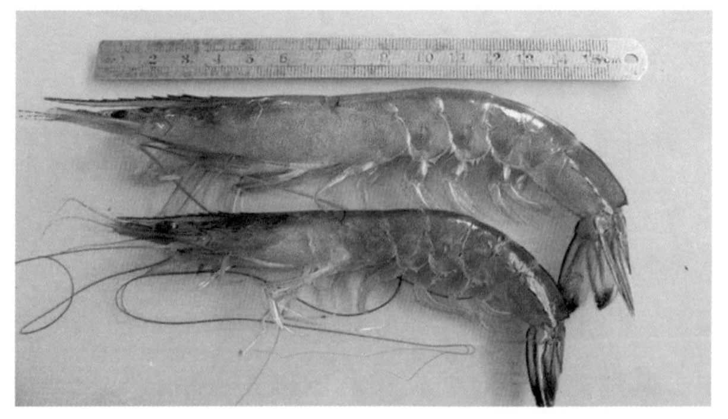

中国对虾“黄海1号”

（中国水产科学研究院黄海水产研究所提供）

等功效，是老少皆宜的自然保健品。

三疣梭子蟹

• 南极磷虾。近年来，南大洋中重要的甲壳类浮游生物南极磷虾资源受到广泛关注，南极磷虾广泛分布于南极海域，资源储量非常丰富，为6.5亿~10亿吨，生物学可捕捞量约1亿吨，是全球海洋中最大的单种可捕捞生物资源，也是目前尚未被大规模开发利用的重要极地生物资源，具有巨大的渔业开发潜力。南极磷虾富含不饱和脂肪酸、磷脂、虾青素和低温酶类等多种活性成分，它的矿物质含量远高于对虾、蛤蜊等多种海产品。用南极磷虾制作的南极磷虾油，含有丰富的二十碳五烯酸（EPA）和二十二碳六烯酸（DHA），能够有效地预防冠心病、动脉粥样硬化等疾病，价格是深海鱼油的 10 倍以上，具有很高的开发利用价值。①。

南极磷虾

（三）软体动物资源

海洋软体动物资源是除了鱼类资源以外，最重要的海洋生物资源之一，分布很广，从寒带、温带到热带，由潮间带的最高处至 1 万米深的大洋底，都生活有不同的种类②。2018 年，全球海洋软体动物资源渔获总量为 595.9 万吨，约占世界海洋捕捞渔获总量的 7%。海洋软体动物包括我们常见的头足类的乌贼、章鱼、鱿鱼和双壳类的贻贝、扇贝、牡蛎等。

1. 软体动物资源价值

海洋软体动物资源富含蛋白质、多种氨基酸和碳水化合物以及钙磷等多种营养物质，可制作成多种菜肴和特色小吃，深受人类喜爱。比如风靡街头的章鱼小丸子、电烤大鱿鱼、蒜蓉生蚝，都是老少皆宜的休闲食品。

除了可以食用，海洋软体动物还作药用。在中医上，鲍的贝壳被称为石决明，乌贼的内壳被称为海螵蛸，牡蛎壳等加工制成的“海洋钙素”、

① 谈俊晓，赵永强，李来好，等，南极磷虾综合利用研究进展，广东农业科学，2017 年第 3 期第 143-150 页。

② 海洋生物资源，https：//wenku.baidu.com/view/bff48136e65c3b3567ec102de2bd960591c6d946.html，2020.8.9.

“生物活性钙”对防治缺钙有独特疗效①。

贻贝和牡蛎等双壳类生物的壳含有碳酸钙和氧化钙，这两种化学成分可广泛用于工业领域。由双壳类产生的珍珠更是珍贵的装饰品和传统药物（珍珠粉），还可作为农业肥料和家禽、鱼类、虾类的饲料。

2. 典型的软体类

• 鱿鱼。鱿鱼又叫柔鱼、枪乌贼，虽然名字中有“鱼”字，但鱿鱼并不属于鱼类，而是生活在海洋中的软体动物，在分类学上属于软体动物门、头足纲、十腕目。鱿鱼最明显的特点是体前端有吸盘，头部口的周围有 10 条腕足围绕，主要以沙丁鱼、银汉鱼、磷虾等为食，通常在浅海中上层活动，垂直移动范围可达百余米。鱿鱼种类很多，常见的有金乌贼、日本枪乌贼、中国枪乌贼、太平洋褶柔鱼等，其中的巨型鱿鱼是世界上最大的无脊椎动物，长度可达 18 米，重约 500 千克，生活在 3 000 米水深的海底。

捕捞是获取鱿鱼资源的主要途径，日本、秘鲁、阿根廷、美国和欧洲国家包括英国和西班牙等是主要捕捞国。中国是全球最大的鱿鱼捕捞国，共拥有鱿钓船 600 余艘，常年在东南太平洋、北太平洋、西南大西洋海域开展鱿钓活动，主流技术是通过灯光吸引鱿鱼聚集，然后用钓钩将鱿鱼拉起送往冷冻室。同时我国也是世界鱿鱼主要消费国，每年消费鱿鱼量 80 万~90 万吨，占全球消费总量的 1/3 左右。由鱿鱼制成的鱿鱼丝、烤制品、鱿鱼鱼丸、罐装制品等产品成为广受百姓欢迎的特色食品。

• 牡蛎。牡蛎属于软体动物门、牡蛎科，又称海蛎子、蚝等，在全球各大海域均有分布，是世界第一大养殖贝类。牡蛎的壳由外套膜不断分泌碳酸钙累积而成，两个壳大小不一，左壳较大且凹陷，用来固定在岩石或其他物体上面。牡蛎营养丰富，富含多种矿物质和微量元素，低脂肪、低胆固醇，是我国居民餐桌上常见的美食。据统计，2019 年我国养殖产量达 522 万吨。同时由于富含牛磺酸及不饱和脂肪酸等物质，可用作药物和营

① 海洋软体动物，百度百科。

养制品。牡蛎含有醛类、醇类等数十种挥发性物质，可用来制作风味调味品，我们平时常用的蚝油就是由牡蛎肉做成的。

牡蛎

乌贼（墨鱼）

章鱼

鱿鱼

知识拓展

章鱼与鱿鱼、乌贼有何不同?

身体构造不同:鱿鱼、乌贼(墨鱼)都是10条腕,而章鱼是8条腕,因此又叫八爪鱼。章鱼身体柔软,鱿鱼有透明的类似塑料的软骨,乌贼有厚的石灰质内壳,叫乌贼骨,可以作药用。

外观不同:章鱼的头很大很圆,像一个丸子,因此有道小吃被称为"章鱼小丸子"。乌贼的身体扁平,背部有坚硬的壳。鱿鱼身体细长,呈长锥形,横切面呈圆圈状。

(四)藻类资源

海洋藻类资源是海洋植物资源的主要组成部分,是海水养殖的重要品种,具有较高的经济价值。海洋藻类资源主要是靠海水养殖来获得,其养殖量远远大于捕捞量。2018年,全球养殖海藻量占到藻类总产量的97.1%。主要包括海带、麒麟菜、江蓠类、裙带菜以及紫菜等。

1. 价值

海洋藻类含丰富的蛋白质以及β胡萝卜素、高度不饱和脂肪酸等活性物质,是人类重要的营养来源,如海带、紫菜、裙带菜等大型藻类已成为国民食物不可缺少的一部分。另外,有些藻类有重要的药用价值,如红藻等藻类中可提取抗生素,对革兰氏阳性和阴性菌均有良好的抑制作用;刺松藻具有清热解毒、消肿利尿等功效。藻类还是重要的工业原料,在昆布等褐藻中可提取藻酸盐,广泛应用于乳化剂、镇静剂、药片填充剂等医药工业品中。石花菜等红藻中可提取琼胶，用于生物培养基、食品添加剂等工业产品中。

2. 典型的藻类

• 海带。海带是一种大型的多年生可食用海洋藻类，俗称江白菜，因其英文名 kelp 又叫作昆布，主要分布在北太平洋与大西洋沿海地区，生长在海边潮下带 2 米深的岩石上，成年海带叶片呈扁平状褐绿色，长度一般 1.5~3 米，最长可达 6 米。我国从 20 世纪 50 年代开始探索海带人工养殖技术，攻克了海带育苗、筏式养殖等技术，先后培育了多个高产、抗病、抗逆新品种，为我国藻类产业发展奠定了基础。

海带养殖

海带晾晒

海带含有丰富的微量元素和纤维素等，具有降血糖、血脂和胆固醇、预防动脉硬化等功效，被称为“长寿菜”。20 世纪 80 年代，有学者曾对日本平均寿命最长的冲绳地区居民进行饮食调查，发现该地居民除常规食品外，食用最多的是海带等海藻类食物。海带富含褐藻胶、甘露醇、碘等成分，是海洋药物、生物制品、海藻化工等产业的重要原料之一。目前，我国已成功开发了即食海带、海带胶囊、海藻调味品、海藻碘片、海藻农肥等系列产品，形成集养殖与产品开发于一体的完整产业链条。

海藻肥

- 紫菜。紫菜生长在潮间带，在各海域均有分布，温带至亚热带海域种类尤其丰富。目前全球已知的紫菜超过 130 种，但只有坛紫菜和条斑紫菜两个品种真正实现了产业化应用。坛紫菜主要在我国东南沿海地区养殖，条斑紫菜则主要在长江以北沿海地区栽培。我们平时所吃的海苔一般由条斑紫菜加工而成，而坛紫菜主要是用来做汤的佐料。中国食用紫菜历史久远，北魏《齐民要术》有记载“吴都海边诸山，悉生紫菜”，并记录了紫菜的食用方法。紫菜栽培历史最早可追溯到 300 多年前，目前已在我国、日本和韩国等沿海形成了成熟的养殖产业。我国紫菜年产量超过 10 万吨，居世界首位，养殖和生产企业主要分布在东南沿海一带，其中福建和浙江以坛紫菜加工生产为主，产品主要是烤紫菜和小饼紫菜；江苏地区以条斑紫菜加工为主，产品为标准紫菜片和烤紫菜。加工产品出口到全球近

70 个国家和地区，成为东南沿海重要的经济支柱①。

条斑紫菜

坛紫菜加工而成的紫菜饼

二、海洋遗传资源

海洋遗传资源是指海洋植物、动物、微生物或其他来源的含有遗传功能单位的具有实际或潜在价值的遗传物质。海洋遗传资源的核心是深海微

① 杨贤庆，黄海潮，潘创，等，紫菜的营养成分、功能活性及综合利用研究进展，食品与发酵工业，2020 年第 5 期，第 306-313 页。

生物资源①。海洋微生物生活在高压、高盐和低温的极端海洋环境中，因此具有嗜压性、嗜盐性、嗜冷性等特性。与陆上微生物类似，海洋微生物主要包括真核微生物、原核微生物和无细胞生物等类别，代表种类分别为真菌、细菌和病毒。据估计，海洋微生物约有2亿种。除了物种的多样性，海洋微生物在基因组成和功能应用等方面都表现出令人吃惊的多样性，因此成为沿海各国纷纷争夺的战略资源、遗传资源和工业资源。

1. 价值

随着现代分子生物学技术、信息技术以及海洋技术的发展，人们对于海洋微生物的认识更加清晰，在开发利用方面脚步也逐步加快。如在药物开发方面，海洋微生物因其优异的理化活性，从而为海洋药物、保健食品和生物材料等的加工制造提供了天然原料库，目前已经从海洋真菌、细菌、放线菌等微生物体内分离到多种强生物活性物质，如抗生素、不饱和脂肪酸、类胡萝卜素等，并陆续开展工业化生产。在环境修复方面，已开发出石油微生物降解、有机污染物微生物降解等产品与技术，为日益恶化的海洋环境的治理与修复提供了无污染、可循环的发展思路。

知识拓展

由于处于独特的环境，海洋微生物具有较陆地微生物更强的嗜盐性、嗜压性和嗜冷性。嗜盐性最强的是嗜盐古细菌。嗜压性强的微生物主要分布在深海区域。嗜冷微生物主要分布在极地、深海或高纬度的海域中。

2. 典型的海洋微生物

- 弧菌。弧菌是海洋中最常见的海洋细菌之一，属于变形菌门、弧菌目，目前已发现超过110种，广泛分布于海水和海洋动物体内，多有嗜盐性。弧菌因其菌体呈弧状或逗点状而得名，无芽孢和荚膜，有菌毛和一根单鞭毛，可做穿梭或流星样活泼运动。弧菌基因组仅由两条环状染色体组

---

① 《生物多样性公约》https：//www.informea.org/zh-hans/terms/marine-genetic-resource.

成，编码 3 000 多个蛋白。许多弧菌的生长速度非常快，代时也短得多。如副溶血弧菌的代时约为 10 分钟（即 10 分钟繁殖一代）。部分弧菌如鳗弧菌、副溶血弧菌、创伤弧菌等可引起鱼、虾、贝等海水动物疾病，少数种类甚至感染人类并致病，如霍乱弧菌、溶藻弧菌等。弧菌对温度敏感，56 摄氏度 30 分钟即死亡，因此海产品加热熟透食用便可避免弧菌感染。虽然弧菌会对其他生物造成一定的伤害，但作为海洋中数量庞大的成员，其在维持海洋生态系统平衡中起到巨大作用。部分异养型固氮弧菌可将空气中的氮分子还原成氨态氮，参与海洋无机氮循环。弧菌还可以降解海洋浮游植物和自养微生物固定二氧化碳产生的有机碳，如几丁质、琼脂、乳糖等，产生新的有机碳进入海洋碳循环中。此外，弧菌还可以代谢石油中的烷烃、芳香烃等化合物，如在墨西哥湾“深水地平线（Deepwater Horizon）”石油泄漏事件中，弧菌被发现是石油相关微生物群落中的优势类群①②。

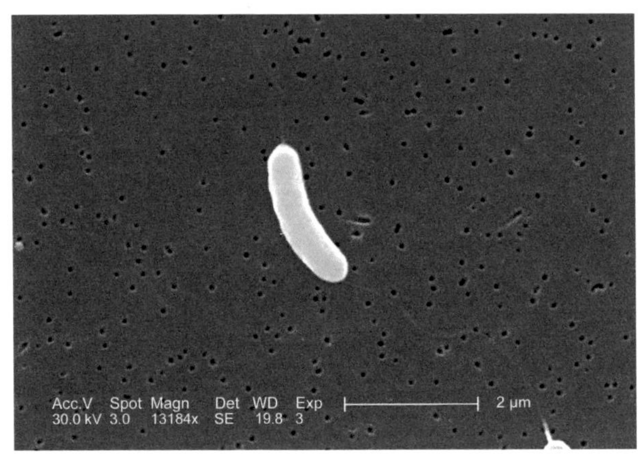

创伤弧菌

- 噬菌体。噬菌体是地球上数量最多的一种以细菌为宿主的病毒，于

① 谢文阳，邱秀慧，海洋弧菌多样性，世界科技研究与发展，2005 年第 27 卷第 2 期，第 34–41 页。

② 张晓华，林禾雨，王晓磊，等，弧菌在海洋有机碳循环中的重要作用，中国科学：地球科学，2018 年第 48 卷，第 1527–1539 页。

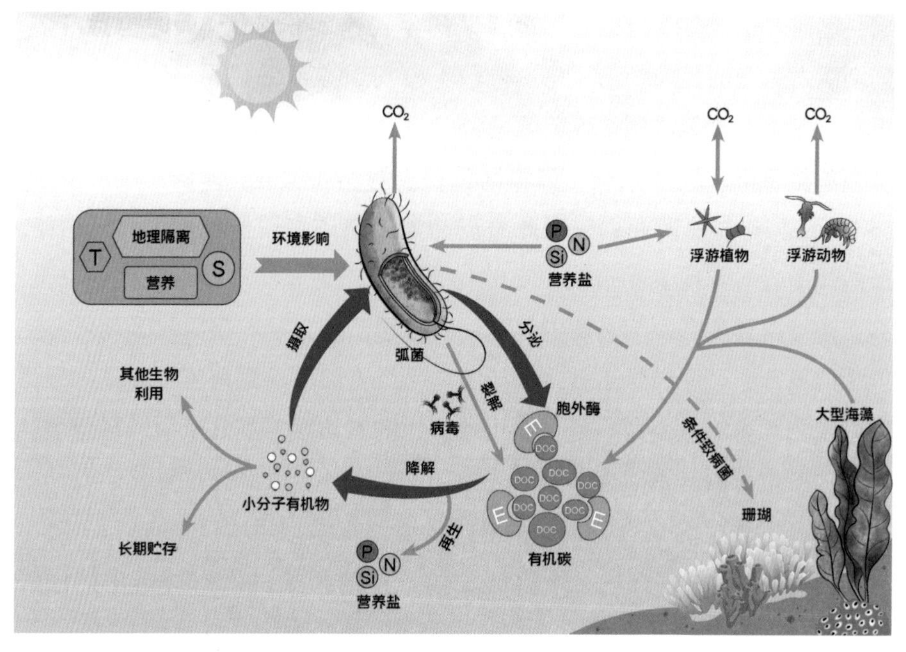

弧菌在海洋有机碳循环中的潜在作用模式

（P：磷，S：硫，Si：硅，N：氮，CO_2：二氧化碳，T：氚，DOC：有机碳，E：胞外酶）

19 世纪初期被发现。噬菌体由核酸和蛋白质组成，有蝌蚪形、微球形和细杆形，以蝌蚪形多见。噬菌体的生存依附于细菌，必须在活菌内寄生，但它的繁殖和扩散又依赖于细菌的死亡。噬菌体附着于细菌后，通过底部的尾管将自身物质注入细菌内，其中噬菌体的核酸利用自身的遗传信息向细菌发出指令，控制细菌合成噬菌体所需要的成分和部件，并进行装配，从而产生大量形状大小完全相同的子代噬菌体，之后细菌发生裂解，将子代噬菌体释放出去进行新一轮感染。海洋中细菌数量众多，但仍维持生态平衡，噬菌体的存在功不可没。在 1 秒钟内它们能对微生物发起 10 万亿次进攻，每天能杀死海洋中 15%～40%的细菌。每天每升海水能产生 1 000 亿个新病毒迅速投入感染过程①。由于噬菌体独特的结构与分子特性，被开发用作分子生物学试验工具，1985 年美国科学家发明了噬菌体展示技术，将

① 卡尔·齐默，病毒星球，桂林：广西师范大学出版社，2019 年。

外源蛋白的基因克隆到噬菌体的基因组 DNA（脱氧核糖核酸）中，实现在噬菌体表面表达指定的外源蛋白。在此基础上，用于筛选特异抗原的噬菌体抗体库技术应运而生，未来将在发病机制、疾病诊断、基因治疗等方向有广阔的前景。另外，由于噬菌体具有能引起细菌裂解的特性，被用于水产养殖、畜牧养殖等领域的细菌性疾病的治疗与预防，这种噬菌体疗法有望成为代替抗生素的安全方法之一。

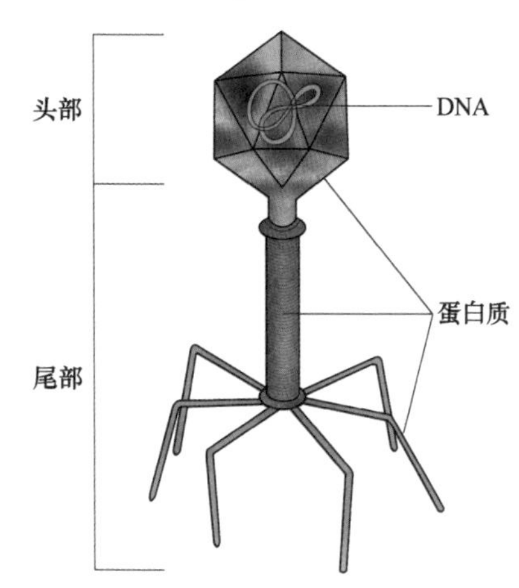

噬菌体结构示意图

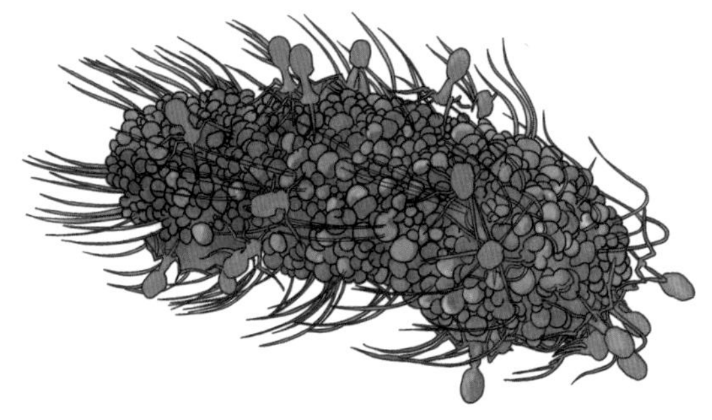

噬菌体附着于宿主细胞

三、海洋天然产物资源

海洋天然产物资源是指海洋植物、动物和微生物的生物组织及其代谢产物，包括蛋白质、核酸、多糖等大分子物质以及结构特殊、分子量较低的次级代谢物。已知的海洋天然产物主要有多糖、萜类、甾醇类、生物碱、脂肪酸和多肽等类别。目前已发现海洋生物来源的天然产物超过 2.5 万种，并且这一数目还在以平均每年 1 000 种的数量增长①。

1. 价值

海洋天然产物因其特有的化学结构从而有较强的生物活性，在肿瘤、神经、心血管等疾病药物开发方面表现突出。现已发现的海洋生物提取物中至少有 10%具有抗肿瘤活性，成为新型抗癌药物的最重要来源。另外，海洋次生代谢产物的生物活性还表现在抗病毒、抗真菌、抗氧化、抗痉挛、抗疟、杀虫、抗附着和酶抑制活性等多方面。我国从 20 世纪 80 年代开始利用高科技手段陆续开发出一些海洋药物，包括河豚毒素（止痛）、珍珠精母注射液（治疗子宫功能性出血）、刺参多糖钾注射液（抗癌）、海星胶代血浆、角鲨烯（鱼肝油）、褐藻淀粉硫酸酯（治疗心血管疾病）、藻酸双酯钠（治疗心血管疾病）等。头孢菌素钠是从海洋微生物中发现并开发成功的首个“海洋新型抗生素”，开创了开发海洋新抗生素药的先例②。

知识拓展

世界上第一个经美国食品药品监督管理局（FDA）批准上市的海洋药物是阿胞糖苷。截至目前，全球共有 13 个海洋药物获 FDA 批准，20 个海洋药物在进行Ⅰ期到Ⅲ期临床研究，1 400 个处于临床前系统研究。

2. 典型的海洋天然产物

• 海藻多糖。海藻多糖是一类分子量大、化学结构复杂的高分子天然化合物，按来源可分为褐藻多糖、红藻多糖、绿藻多糖和蓝藻多糖 4 大类。目前研究较多的为褐藻酸、褐藻胶、硫酸多糖、琼胶、卡拉胶等，主要来源于海带、鹿尾菜（羊栖菜）、巨藻、泡叶藻、墨角藻等褐藻和红藻类。

---

① 关星叶，李红权，肖勤，海洋天然活性物质的药用研究进展，承德医学院学报，2017 年第 4 期，第 332-336 页。

② 薛多清，王俊杰，刘海利，等，海洋天然产物研究进展，中国天然药物，2009 年第 7 卷第 2 期，第 150-160 页。

海藻多糖具有增强免疫能力、抗病毒、抗氧化、抗肿瘤以及保湿润肤等功能，因此在医药、食品、饲料、化工和化妆品等领域具有广阔的开发应用前景。由于海藻多糖的生物活性与其分子量的大小、空间构象、硫酸根含量等有关，因此研究人员致力于通过化学法、酶法等降解相对高分子质量的多糖，以及硫酸化、乙酰化等方法修饰多糖以提高其生物学活性①。

- 甲壳质。甲壳质又叫甲壳素、几丁质，也是一种多糖，主要来源于虾、蟹等甲壳动物的外壳，是海洋水产品废弃物高值化利用的典型代表。此外昆虫外壳、藻类细胞、软体动物外壳中也存在甲壳质。甲壳质在自然界中含量非常丰富，每年海洋生物的甲壳素生成量在10亿吨以上，是仅次于植物纤维的第二大生物聚合体，其化学结构和植物纤维素非常相似，都有葡萄糖的基本结构，是糖类中唯一的碱性多糖，分子式为（$C_8H_{13}NO_5$）n。很早人们就发现，甲壳素具有抗菌、抗氧化、促生长、高吸附等优良特性，因此围绕甲壳素开展深入研究，目前提取工艺基本成熟，主要采取化学法和微生物法，将甲壳处理后提取出可溶性的甲壳质。甲壳素产品已广泛应用于我们生活中的各个领域，如在食品业中，用于制作增稠剂、保鲜剂和添加剂等产品；在农业领域可用作水产饲料、杀虫剂、植物抗病毒剂等；在美容行业可用作美容剂和保湿剂等；在工业中可用作造纸、纺织、污水处理等过程中。目前我国开展甲壳素研究与生产的科研机构、企业有几千家，甲壳素产量达30万吨，随着技术的进步与行业需求的扩张，甲壳素将会有更广阔的发展前景②③。

- 头孢菌素。头孢菌素是国际上最早开发成功的海洋药物，不同于糖类、脂类等分子量超100万Da（道尔顿）的大分子产物，头孢菌素是一种典型的小分子化合物，分子量只有450 Da（道尔顿）。头孢菌素最早来源

---

① 滕浩，海藻多糖的化学结构与药用活性研究进展，安徽农业科学，2018年第10期，第36-38页。

② 王玉堂，甲壳素及其在水产养殖业的用途，中国水产，2019年第6期，第102-105页。

③ 甲壳素/壳聚糖技术与市场调研报告（2019）https：//www.docin.com/p-2267478882.html.

甲壳素产品

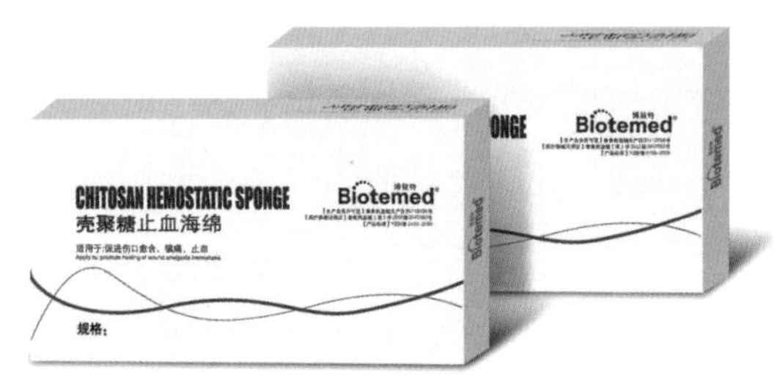

甲壳素产品——壳聚糖止血海绵

（图片由青岛博益特生物材料股份有限公司提供）

于海洋污泥中分离到的真菌顶头孢霉。“二战”后期，意大利教授博兹发现卡利亚里附近的排污口海水具有自净现象，于是展开分析研究，最终分离出具有抗菌功能的顶头孢霉菌，随后其他团队对顶头孢霉的特性、结构等进行进一步研究，并最终分离得到头孢菌素。天然的头孢菌素抗菌效果并不理想，且得率很低，于是科学家想办法对其分子结构进行改性修饰，最终得到效果优秀的头孢菌素抗生素。目前，头孢菌素类抗生素已成为全球对抗感染性疾病的主力药物，年市场 600 亿美元以上，约占所有抗生素产量的一半以上①。

顶头孢霉显微放大图

头孢氨苄：R=　　头孢拉定：R=

头孢菌素类抗生素结构式

四、海洋生物资源开发存在的问题及保护

1. 过度开发问题

（1）物种灭绝。人类认识海洋、利用海洋的能力愈来愈强，如对资源开发不加以控制，将不可避免地面对过度开发问题。据联合国粮农组织（FAO）统计，2018 年全球有捕捞渔船 456 万艘，年海洋捕捞渔业产量达

① 唐启升，中国海洋工程与科技发展战略研究，海洋生物资源卷，北京：海洋出版社，2014 年。

8 440万吨。欧洲渔业委员会调查显示，全球60%的鱼类正在遭受过度捕捞。大黄鱼和小黄鱼曾经是我国近海的“四大海产”成员，然而由于过度捕捞，如今大黄鱼和小黄鱼已被《中国物种红色名录》列为“易危”物种，以前常见的大黄鱼和小黄鱼“鱼汛”如今已踪迹难寻。数量减少是过度捕捞的最初影响，随之而来的就是物种的灭绝。因珍贵装饰品玳瑁而面临灭绝的玳瑁海龟、人类食用鱼翅而濒危的锤头鲨、被端上欧洲人餐桌而成为极危物种的欧洲鳗鲡等，许多我们常见或珍贵的海洋生物已面临灭绝，更不用说有更庞大数量的生物种类正在通往数量减少乃至灭绝的道路上。

（2）性状下降。过度开发导致生物数量下降，为维持种群繁衍，物种不得不调整自身性状，来适应人类强加的改变。加拿大纽芬兰渔场曾是鳕鱼资源丰富的海域之一，随着捕捞业的繁荣，个体较大的鳕鱼已成罕见，捕到的鳕鱼个体越来越小，性成熟也越来越早，导致鳕鱼种群不断萎缩甚至消失。东海的小黄鱼经历了同样的性状退化，在20世纪50年代，1龄左右的小黄鱼性成熟比例为5%，80年代变为40%，在21世纪初，这个比例扩大到74%~100%。在人类过度干涉下，海洋生物不得不牺牲自身原有的性状来适应外界环境变化，以壮大自己的种群。但长期来看，这种被动演化速度拼不过捕捞强度，最终必将导致种群崩溃。

（3）生态破坏。海洋中的生物处在一个相对稳定的生态系统之中，通过生物链维持着整体的平衡。一个物种减少到一定数量，其上游物种没有充足的食物来源，也将面临数量减少乃至灭绝。其下游物种因缺少天敌，有可能暴发大量繁殖，造成海洋灾害。因此过度开发不仅造成生物多样性减少、渔业资源结构恶化，更进一步影响食物链的完整性，还破坏了海洋生态系统平衡。

2. 海洋生物资源保护

（1）全球。1958年联合国通过的《公海渔业和生物资源保护公约》，揭开了海洋生物资源保护的序幕。1982年审议通过的《联合国海洋法公约》，被认为是海洋法发展史上的里程碑，是包括海洋生物养护利用在内的比较全面的现代国际海洋法规，约定了缔约国在200海里专属经济区的海洋生物资源管理和养护的权利和义务，为海洋生物保护提供了法律约束和规制框架，标志着海洋生物资源保护法规体系的形成。1989年签订的《禁止在南太平洋长流网捕鱼公约》是国际上第一个专门针对捕捞渔业做出详细规定的国际公约，在此带动下，一些国家也出台法律规范捕捞作业，如美国1992年通过了《公海流网捕鱼执行法令》，我国2007年印发《农业部办公厅关于进一步加强查处北太平洋非法大型流网作业工作的通知》等。此外，还有《南极海洋生物资源养护公约》《养护大西洋金枪鱼国际公约》《捕鱼及养护公海生物资源公约》等一系列国际公约规定，用以规范海洋生物资源的养护和开发管理，对全球海洋生物资源的可持续发展和海洋生态环境保护起到不可替代的作用。

（2）中国。我国在海洋生物资源保护方面开展了大量工作，从物种保护、渔业规划、渔船管理、资源养护等多方面提供全方位保障，为世界上参与海洋开发国家做出表率。分别于1986年和1988年颁布实施的《中华人民共和国渔业法》和《中华人民共和国野生动物保护法》是我国动物保护和渔业发展的基本保障，两部法规后期经多次修订补充，已形成较为完善的制度体系，为海洋生物资源保护提供了基础。在此基础上，制定了《海洋捕捞渔船管理暂行办法》《远洋渔业管理规定》《渔业捕捞许可管理规定》《关于2003—2010年海洋捕捞渔船控制制度实施意见》等制度，从渔业开发、渔船管理等角度，切实强化海洋生物资源的保护。《水生生物增殖放流管理规定》《中国水生生物资源养护行动纲要》《渤海生物资源养护规定》《农业部关于做好“十三五”水生生物增殖放流工作的指导意见》等从增殖放流、资源养护等方面做出规定，对加强海洋生物养护和资源保护、促进海洋渔业可持续发展、维护海洋生态安全具有重要意义。

第二节　海洋矿产资源与油气资源

近岸带、大陆架和海盆不同区域富集不同的资源类别。从浅海到深海海底分布有滨海砂矿、大陆架的油气、大陆架边缘和陆坡区的磷钙土、大陆坡的天然气水合物（即可燃冰）、海槽区的重金属软泥、海山区的富钴结壳、大陆边缘的热液硫化物和大洋海盆的多金属结核等。

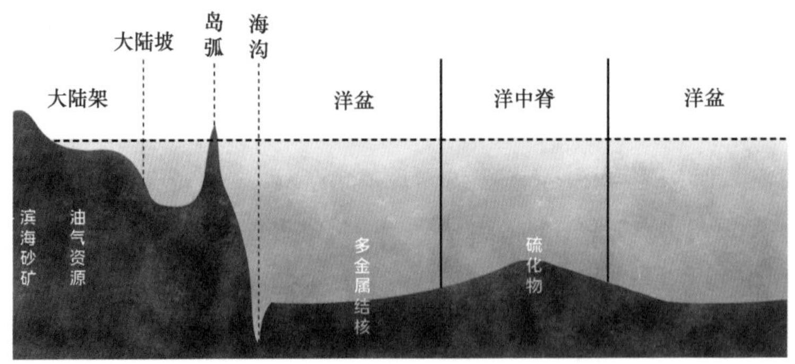

海洋矿产资源与油气资源海底分布示意图

一、浅海矿产

浅海矿产资源主要有大陆架油气、滨海砂矿和天然气水合物。

1. *滨海砂矿*

滨海砂矿主要分布在近岸带的沙堤、沙滩、海湾等地，分布广泛、种类繁多、资源储量丰富，全球已发现 68 种（79 个矿种、亚矿种）矿产，矿床、矿点 1 182 处。其中探明资源储量的矿产有 40 个矿种和亚矿种，矿产地 207 处，海洋砂矿主要有金、银、铂、锡石、黑钨矿等；主要矿种有金属矿物中的钛铁矿、金红石、锆石、磁铁矿（钛磁铁矿）；稀有金属矿物中的锡石、铌钽铁矿；稀土矿物中的独居石、磷钇矿；贵金属矿物中的砂金、金刚石、银、铂；非金属矿物中的石英砂、贝壳、琥珀等。海滨砂矿累计探明储量为 15. 27 亿吨。

成因：这些砂矿主要由陆地各种各样的矿体、岩石经过漫长的风化剥蚀形成砂砾碎屑，在风力和流水的搬运下，百川汇海堆积在入海河口和海湾等滨海地带，富集成矿物集合体滨海砂矿。

滨海砂矿经济价值明显，海砂分选良好，品质优良，主要作为海洋工程用料使用，经脱盐后的海砂，可作为建筑资料应用于城市建设、公路、

滨海砂矿

铁路和桥梁等混凝土结构建筑，在工业、国防和高科技上也有重大应用价值。

2. 海洋油气资源

海洋中蕴藏着极其丰富的油气资源，其石油资源量约占全球石油资源总量的 34%，是陆地的两倍，全球石油储量近三分之一分布在大陆架海底。

成因："有机论"认为石油是由鱼类、藻类等动植物死亡后，埋在海底经过漫长的地质年代与淤泥混合，在缺氧环境下经过长期加温和压力等地质作用，形成碳氢化合物并逐渐受热裂解形成石油和天然气。无机成因论认为地下深处的火山岩浆是石油的主要来源。目前科学家通过实验和实践发现大部分油气都与沉积岩有关、油气的地层富集程度与地质历史中的生物兴衰相关、油气与有机质地层依存度高、油气的元素组成与有机物质接近等相关证据，有机论得到大多数人认可。有机质生成石油的速度很慢，所需的时间以百万年计，目前的研究表明，形成石油的最短时间是 200 万年。

分布：全球油气最富集的巨型盆地主要出现于板块内部、远离挤压板块边界的环境下，海洋油气资源主要存在于大陆架地区。目前，世界上八大海洋石油主产区有伊朗高原和阿拉伯半岛之间的波斯湾、北美的墨西哥湾、英国和挪威之间的北海、委内瑞拉的马拉开波湖、欧亚之间的里海、西非几内亚湾、北极和巴西里约热内卢附近地区，这些主产区满足了全球经济发展对能源的需要，推动了世界经济的增长。但油气作为化石燃料，其消耗过程大量排放温室气体，导致全球气候变暖，将危害人类的生存环境和健康安全。

知识拓展

蓬莱的庙岛群岛。庙岛群岛又称长岛，古称沙门岛，是由渤海和北黄海之间的32个岛屿、66个明礁以及8 700平方千米的海域组成，隶属于山东省烟台市的一系列链状群岛，被称为中国的夏威夷。其北起辽宁旅顺，南至山东烟台蓬莱，它是渤海湾盆地和北黄海盆地的分界线，由此形成渤海和北黄海海域的分界线，这条分界线泾渭分明，在海面上呈一条“S”形，西侧为浑浊微黄色的渤海，东侧为深蓝色的黄海，分外壮观，渤海一侧的渤海盆地蕴藏着丰富的油气资源，至今已发现数个亿吨级大型油气田，而北黄海油气勘查收获较少。

庙岛群岛

3. 天然气水合物（Gas Hydrates）

天然气水合物被认为是21世纪替代煤炭、石油和天然气的新型清洁能源。天然气水合物又称“可燃冰”，是由水分子和气体分子组成的一种外观似冰状的结晶化合物，大部分呈现白色或浅灰色，一般呈结核状、分散状或颗粒状胶结于沉积物中，或者呈细脉状扩充于沉积物的裂隙中，天然气水合物中的主要成分为甲烷，此外还含有少量的硫化氢、二氧化碳、氮气和其他烃类气体。

天然气水合物（可燃冰）

与常规天然气气田储量相比，海底天然气水合物能量密度高，杂质少，燃烧后几乎无污染，潜在资源量极其巨大。据科学家估算，世界上天然气水合物所含有机碳的总资源量，相当于全球已知煤、石油和天然气总储量的两倍，但天然气水合物的开发利用目前仍然面临难题，海床下冻结水合物对甲烷的突然释放，可能会造成灾难性后果，未燃烧的天然气水合物直接排入大气会产生强烈的温室效应（其温室效应是二氧化碳的 21 倍），开采产气阶段可能会诱发地层沉降、海底滑坡等潜在地质灾害，开采后面临的是生态环境效应等问题，这些都是科学家需要破解攻关的难题。

成因：根据甲烷的来源一般将天然气水合物中的甲烷成因分为微生物成因、热成因、混合成因以及火山喷发成因等。天然气水合物的形成需具备温度、压力和原材料等基本条件：①充足的天然气和水，天然气的来源包括无机成因和有机成因的气体，如甲烷、乙烷、丙烷、一氧化碳等；②具备特定的压力与温度条件，高压低温；③可使气和水充分聚集的有利的储集空间。这样当富含有机质的沉积物中充有间隙水，存在生物成因的气体或者有从下伏地层进入的热解成因气体，因温度或孔隙压力固结转变为水合物。

分布：主要分布在水深大于300米的海洋及陆地永久冻土带，太平洋边缘海和大西洋西岸等地区。

二、深海矿产资源

深海蕴藏着丰富的多金属结核、多金属硫化物、富钴结壳、深海稀土等矿产资源，资源量每年以一定的速度增长，是全人类未来的战略资源，开发利用潜力巨大。

多金属结核

中国大洋科考队供图

1. 多金属结核

多金属结核又称锰结核，是未来可利用的潜力最大的金属矿产资源，主要由铁锰氧化物和氢氧化物组成的黑色“球状”沉积团块，含有锰、铁、镍、钴、铜等60余种元素，是“取之不尽，用之不竭”的多金属矿物资源，据美国学者Mero的分析推算，全球洋底多金属结核达到30 000亿吨，而且还在不停地生长，全球锰结核每年增长约1 000万吨，主要分布在水深4 500~6 000米的海底平原，太平洋地区的多金属结核资源就有17 000亿吨，其次分布在印度洋和大西洋地区。

成因：科学家通过对太平洋C-C区的多金属结核研究发现，多金属结核形成需要地质、构造、地形、生物以及物理化学等条件，一要具备较高的金属含量、较高的生物生产力以及海底热液活动；二要具备底层流破碎老结核提供成核物质、适宜的地形以及具备微生物活动，结核的生长是最为缓慢的一种地质现象，数百万年才增长 1 厘米左右，是地球上最缓慢的自然过程之一。

知识拓展

海底多金属矿物资源矿区。20 世纪 60 年代，人们发现大洋锰结核富含众多的战略金属资源，在 20 世纪 70—80 年代召开的世界第三次联合国海洋法大会后，成立了国际海底管理局，专门负责审批和管理公海深海底多金属结核矿物资源的勘探和开发。1982 年通过的《联合国海洋法公约》规定，任何一个国家只要在大洋多金属结核资源调查方面投资 3 000 万美元以上，探明 30 万平方千米的结核远景区，就可以提出先驱者投资申请，经审查后，国际海底管理局会将探明区一半作为开辟区给申请者开发；另一半作为保留区，留给发展中国家开发。1987 年以来，法国、日本、苏联和印度为第一批大洋多金属结核矿产先驱投资者，1999 年中国首获多金属结核专属开辟区，目前中国在国际海底区域拥有 5 块矿区，仅多金属结核资源就高达 18 亿吨，所含的锰、镍和钴可满足中国当前使用量 44 年、20 年和 58 年的需求，是未来我国资源的重要来源保障。

2. 富钴结壳

富钴结壳是继多金属结核之后发现的又一重要的金属矿产资源，它是生长在海底岩石或岩屑表面的一种海底自生的铁锰氧化物、氢氧化物集合体，也被称为钴结壳、铁锰结壳。科学家在海底调查中发现，在大洋盆地边缘的一些海山斜坡上附着一层类似盔甲的黑褐色薄结壳，大多呈斑块状，少数为块状、球状、板状，一般厚 2~5 厘米，最厚可达 15 厘米，富含锰（Mn）、铁（Fe）、钴（Co）、铜（Cu）、镍（Ni）、铅（Pb）等十几种金属元素，其中钴含量特别高，分布较广，具有较高的商业经济价值。目前，富钴结壳在中太平洋海山群、夏威夷海岭等地都有发现，资源储量

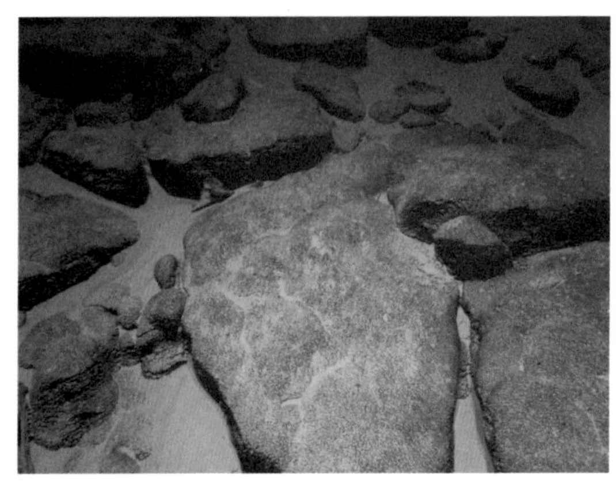

富钴结壳

中国大洋科考队供图

巨大。据不完全统计，世界上大约有 635 万平方千米的海底为富钴结壳所覆盖，占海底总面积的 1.7%，其中，太平洋地区的结壳金属含量最高，具备工业开采价值。

成因：海洋生物及其遗体沉降过程中，经过海水最低含氧层，通过还原作用释放出来金属，这些金属在富氧水层中经过氧化作用和胶体吸附作用，将 2 价锰离子和 2 价钴离子氧化为 4 价锰离子和 3 价钴离子的氧化物，经过沉淀形成富钴锰结壳。

3. 海底多金属硫化物

海底多金属硫化物资源因其富含铁、铜、锌、锰等金属元素，成为一种潜在的海底矿产资源，是国际上备受关注的潜在资源。它主要分布在热液活动区，是海底热液溶解的高温热水所形成的海底多金属硫化物矿床，这些海底硫化物堆积形成直立的柱状圆丘，被称为“黑烟囱”，以硫化物为主，还有以硫酸盐为主的“白烟囱”和硫含量高的“黄烟囱”。目前，世界各大洋的地质调查都发现了黑烟囱的存在，并主要集中于新生的大洋地壳上。

海底黑烟囱的形成主要与海水及相关金属元素在大洋地壳内热循环有关。海底硫化物是海水从地壳裂隙渗入地下遭遇炽热的熔岩成为热液，将周围岩层中的金、银、铜、锌、铅等金属溶入其中，后从地下喷出，被携带出来的金属经化学反应形成硫化物，这时再遇冰冷海水凝固沉积到附近的海底，最后不断堆积成“烟囱”，形成金、铜、锌、铅、汞、锰、银等多种具有重要经济价值的金属矿产。

第三节　海洋水资源及化学资源

海水总体积13.7亿立方千米，约占全球水资源总量的96.53%，因此海水本身就是一种非常宝贵的水资源。海水中还含有80多种化学元素，可供人类开发利用的多达50余种，海水也是巨大的化学资源宝库。

一、海洋水资源

我们常说地球是一个水球，但实际上这个水球上能被人类利用的淡水资源少之又少。在约占全球水资源总量2.52%的陆地淡水资源中，绝大部分是目前不易被人类利用的南北两极、山地的冰川以及深层地下水，仅占水资源量不到1%的河流、湖泊和浅层地下水可被人类利用。

目前，全球淡水资源短缺问题日趋严重，给人类的生存和发展带来巨大危机，已有将近80%的人口受到水荒的威胁。我国很多城市也面临严重缺水危机，被联合国认定为世界上13个水资源严重紧缺的国家之一。

海洋水资源才是取之不尽、用之不竭的主要水源。对海洋水资源的利用主要分为海水直接利用和海水淡化。

（一）海洋水资源直接利用

顾名思义，海洋水资源的直接利用就是以海水直接代替淡水用于人类的生产生活，是节约淡水的一个重要途径，主要有3种利用方式：工业用水、生活用水和农业灌溉用水。

1. 工业用水

海水作工业用水，主要是用作核电、火电、钢铁、石化等行业的工业

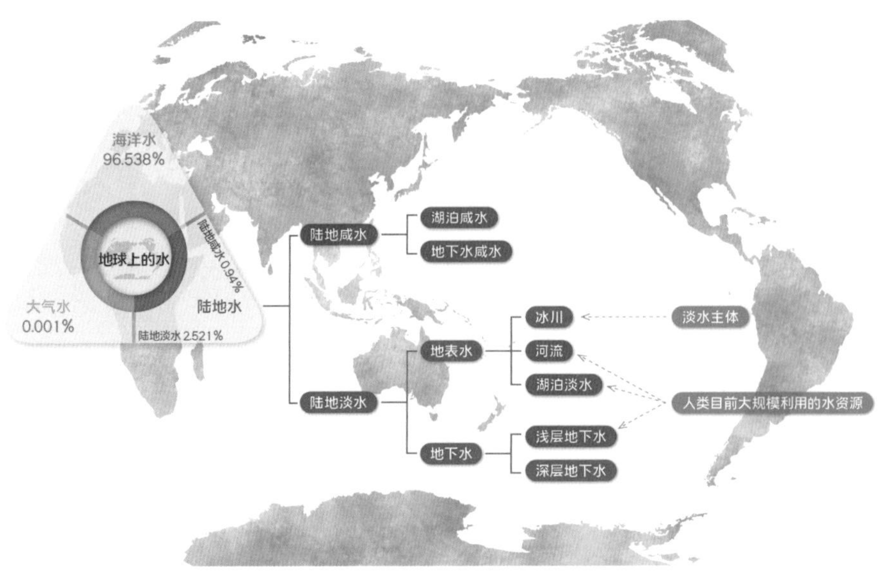

地球上水圈的组成

水资源紧缺

冷却用水，成本只有淡水的5%~10%①，经济效益十分明显。早在20世纪30年代，四面环海，自然条件优越的日本就开始利用海水作为工业冷却水，目前几乎已经普及沿海所有的核电、化工和钢铁等企业。美国、西欧

① 海水的工业利用，https：//wenku. baidu. com/view/2cf10348185f312b3169a45177232f60dccce7dd. html.

等发达国家在海水作工业冷却水方面也一直处于全球前列。我国年海水冷却用水量已经超过 1 000 亿吨，广东、浙江、福建、辽宁、山东等沿海省份年冷却用水量居全国前列。

2011 年 3 月 11 日，地震导致了全世界最大的核电站——日本福岛县核电站反应堆发生故障，为防止核燃料过热引发爆炸，日本政府采取了直接利用海水冷却核反应堆外壳，使其降温。

中国大陆第一座百万千瓦级大型商用核电站——大亚湾核电站直接利用海水作为冷却水

海水还可以作为生产用水，直接应用在纺织、建材、印染及海产品加工等行业。沿海城市的一些水产养殖、水产品加工厂用海水代替淡水清洗鱼虾、海带等海产品，效果良好。用海水浸泡海带制碘，不仅能提高得碘率，还能节约大量化工原料，提高海带回收率①。海水用于印染行业的漂白、染色、漂洗时，可以加快上染速度，排斥纤维表面的灰尘，提高产品质量。

2. 大生活用水

海水用于大生活用水主要是用海水代替淡水作冲厕用水，能节省 30% 左右的城市生活用水。1957 年，供水压力极大的香港大胆尝试采用海水冲厕，大获成功。目前，海水供应网络已覆盖大约 80%的香港居民，每年节

① 海水浸泡海带制碘，既增产又节约，奉化海带育苗厂革委会，今日科技，1971 年第 20 期，第 6 页。

省淡水资源2.7亿立方米。为了推广海水冲厕，香港为此还制定了条例，要求有海水供应的地区必须使用海水冲厕，如果用淡水冲厕或者将冲厕的海水用作别的用途，都是违法的①。

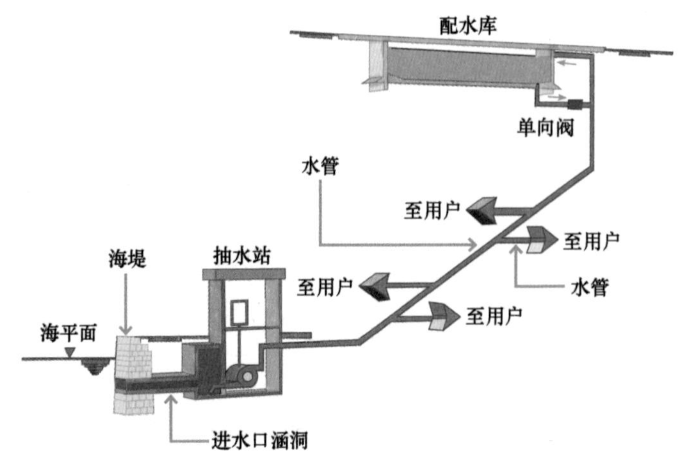

香港的海水供水系统

青岛、深圳、厦门等沿海城市也纷纷效仿香港，采用海水冲厕系统作为试点。海水冲厕与自来水相比，在颜色和气味上几乎无差别。

3. 农业灌溉用水

农业灌溉用水是指用海水或半咸水代替淡水，直接灌溉耐盐植物，解决了沿海地区农业利用海水难等问题，开发、培育了新一代耐海水农作物，给农业种植带来革命性变革。

目前，海篷子（西洋海笋）、黑枸杞、海茴香等蔬菜完全是“喝”海水长大的，海水不但为农作物提供了生长所必需的充足养分，而且不需要大量施肥和喷洒农药，降低了蔬菜种植成本，实现有机种植和节约淡水资源双重价值。

海水蔬菜除了可供食用，成熟的种子可以用来榨取食用油，榨油后的残留物还可用作饲料，形成了高档蔬菜、海水蔬菜深加工、食用油、生物

① 节水防涝的香港经验，澎湃新闻、长安日报。

盐和饲料等的一系列完整产业链，获得了良好的经济效益。

黑枸杞

海篷子（西洋海笋）

海茴香

（长在海边礁石上的一种草，富含维生素 C 与矿物质，被大量用于美容工业，海茴香还是美味的调味料，古代水手们航海的时候都喜欢带着它）

（二）海水淡化

对海水进行盐分和淡水的分离，使之变成可以被人类利用的淡水资源，一直是几百年来人们努力实现的梦想。早在16世纪，欧洲探险家在远洋航海旅行中，用煮沸海水的方式产生水蒸气，冷凝得到纯水，迈出了海水淡化的第一步。

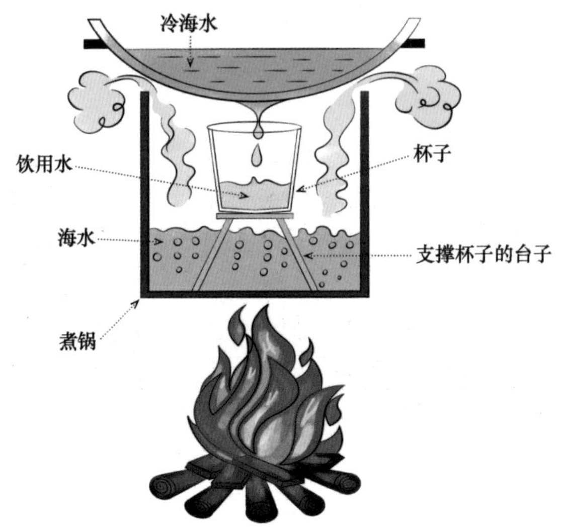

海水蒸发获得淡水

水比石油还贵的中东地区：第二次世界大战后，中东等地区对淡水资源的需求与日俱增，促使现代意义上的海水淡化快速发展起来。

中东地区气候干燥，高温少雨，是世界上最缺水的地方，同时也是石油资源极其丰富的地区，拥有“富得流油”的经济实力去探索和开发海水淡化技术和装置。中东地区三分之二的淡水资源来源于海水淡化，海水淡化厂占到全球海水淡化厂的70%左右。“石油王国”沙特阿拉伯是世界上最大的海水淡化生产国，海水淡化量占世界海水淡化量的20%左右。

海水淡化获得的淡水资源主要用于工业用水和市政供水。淡化方法主要有热法（蒸馏法）和膜法两大类，热法的主流技术是多级闪蒸和低温多效蒸馏；膜法的主流技术是反渗透。

沙特阿拉伯的海水淡化实验

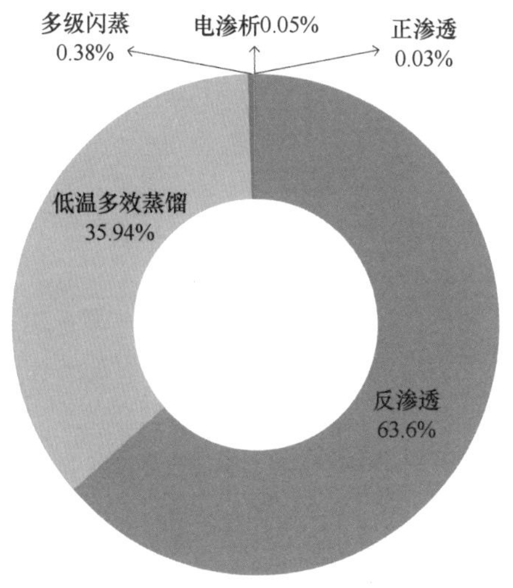

我国海水淡化工程规模占比（截至 2019 年）

1. 多级闪蒸

多级闪蒸技术是目前最成熟可靠，运行安全性高的海水淡化技术，适合于大型和超大型海水淡化应用，世界正在运行的多级闪蒸装置主要集中在“世界油库”阿联酋、阿曼、巴林、卡塔尔、科威特和沙特阿拉伯海湾六国，多与火力电厂联运。由于投资大、能耗大等方面原因，我国对多级闪蒸的研究及工程建设基本处于停滞状态。

水电联产：利用电站的蒸汽和电力为海水淡化装置提供动力，海水淡化的淡水又可为发电装置提供冷却水，从而实现能源高效利用，降低海水淡化成本。

2. 低温多效蒸馏

低温多效蒸馏技术是最具前景的海水淡化技术，适合于大型海水淡化应用。与多级闪蒸一样，欧洲和亚洲广泛应用的低温多效蒸馏装置为了节能高效，一般也都与火力电厂联运。目前，低温多效蒸馏技术在我国的应用范围仅次于反渗透技术。

3. 反渗透

反渗透海水淡化技术是目前海水淡化领域研究的热点，也是应用最广泛的海水淡化技术，适合于一切大型、中型或小型海水淡化应用。除海湾国家大多采用多级闪蒸技术外，其他地区包括我国都是首选反渗透作为海水淡化方法，反渗透海水淡化工程规模占总海水淡化工程规模的近 70%。

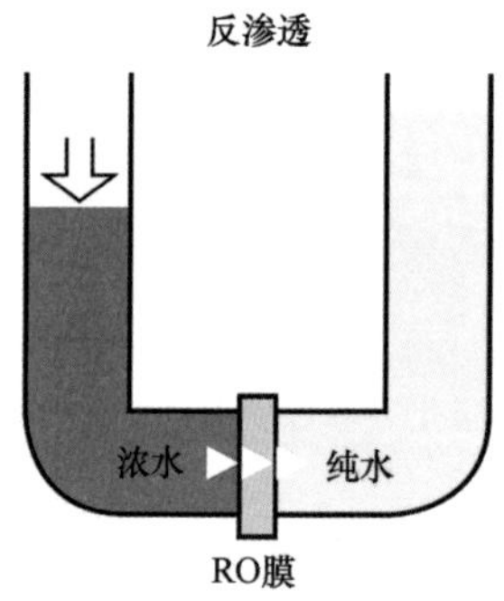

反渗透技术中最神奇的半透膜：将海水与淡水用半透膜（只允许溶液中的溶剂通过）隔离开，在海水一侧施加大于自然渗透压的外压，海水中的纯水反向渗透到淡水侧，从而将海水中的淡水提取出来

4. 电渗析

电渗析海水淡化技术适合于海岛等小型海水淡化应用。20 世纪 80 年

代中期后，由于反渗透技术的出现，电渗析技术逐渐被取代①。但由于其工作系统不受压力的影响以及应用灵活等方面的优势，目前国内外仍然有小部分的应用。1981 年，我国西沙群岛就建成了中国第一座日产 200 吨的电渗析海水淡化站。

二、海水化学资源

海水化学资源利用是指直接从海水中或从海水淡化后的浓盐水中提取各种化学元素，主要是制盐，提取钾、溴、镁、锂、碘、铀、重水等。特别是海水淡化后的浓盐水中各种化学元素的浓度基本上是原来的 2 倍，积极探索海水淡化与盐化工的深度融合，在生产淡水的同时，生产溴、镁、钾等化工产品，是海水化学资源综合利用的重要途径②。

1. 化学工业之母——盐：氯化钠

海水中约有各种盐类物质 5 亿亿吨，其中海盐的主要成分氯化钠（NaCl）占到 80%，为 4 亿亿吨，是除了海洋水资源本身以外，海洋中含量最高的化学资源。如果将海水中的盐分全部提炼出来平铺到陆地上，地球将增高 150 米。

用途：盐不仅是我们日常生活中最重要的调味品，也是现代化学工业的基础原料。以盐为原料的烧碱（氢氧化钠）产业链，可以生产烧碱、双氧水、盐酸、液氯、ADC 发泡剂、金属钠等多个产品；以盐为原料的纯碱（碳酸钠）产业链，可以生产纯碱、小苏打、硝酸钠、氯化钙等多个产品。这些产品的用途很广，遍布于轻工业、冶金工业、石油工业、化学工业等多个国民经济重要领域以及人们的吃、穿、住、行各个方面。盐也是国防和战备所必需的重要物资，因此被誉为“现代化学工业之母”。

古代盐是一种奢侈品，可与现在的石油资源相媲美。齐国的丞相管仲

---

① 电渗析海水淡化技术发展，http：//www. chem17. com/Tech _ news/detail/1530167. html。

② 高忠文，蔺智泉，王铎，等，我国海水利用现状及其对环境的影响，海洋环境科学，2008 年第 27 卷第 6 期，第 671-676 页。

海盐

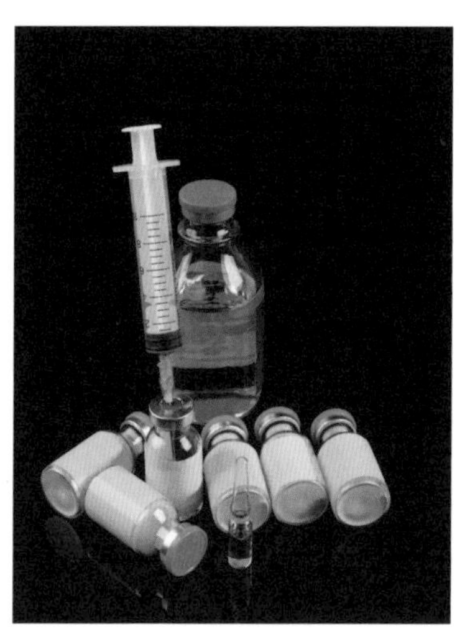

医院常用的生理盐水就是浓度0.9%的氯化钠溶液，是人体主要的体液替代物

提出“唯官山海为可耳”的主张，由官府垄断海里的食盐资源和山上的铁矿资源，实行盐铁专卖，相应的盐税、铁税包含在专卖价里面，以此来增加国家收入。齐国推行“盐铁专卖”制，国力大兴，齐桓公因此成为春秋时期的第一位霸主。

食盐不仅是税收的重要来源，也是重要的战争资源。发生战争时，切断敌方的食盐来源，敌军长期没有食盐供给，体力衰减，军队很快就会垮掉。由此可见，小小的食盐虽不起眼，却影响着国家的兴衰存亡。

管仲

官盐

图片来源：中国历史文化中的盐，

http：//www. sohu. com/a/303155622_486911

主要盐场：我国主要的盐场有长芦盐场、辽东湾盐场、莱州湾盐场和淮盐产场。长芦盐场是我国海盐产量最大的盐场，产量占全国海盐总产量的25%左右；莱州湾盐场海盐的生产质量及技术水平在全国各盐场中处于领先地位。

盐场

提取方法：常用的制盐方法有盐田法（太阳能蒸发法）和电渗析法。盐田法是最古老的制盐办法，也是国内目前仍然普遍沿用的方法，主要是利用太阳能让海水蒸发，使盐度逐渐加大，逐渐形成结晶。电渗析法海水制盐是伴随着海水淡化产业发展起来的一种新的制盐方法，通过选择性离子交换膜电渗析浓缩制液体盐，真空蒸发得到食盐。

2. 国防金属——镁

海水中镁（Mg）的总储量约为 1 800 万亿吨，仅次于氯和钠，位列第三。世界上 60% 的镁是从海水中提取的，金属镁和镁砂（氧化镁）是需求量最大的镁系海洋化工产品。

用途：镁具有重量轻、强度高、耐腐蚀等特点，是国防领域不可缺少的金属材料，因此被誉为“国防金属”。镁粉可做火箭头、导弹点火头、照明弹、航天器元部件等。

烟花里面的白光也是镁在发光

镁合金是最轻的金属材料，被誉为“21 世纪的绿色工程材料”，广泛应用于飞机、舰艇、汽车、电子通信等领域，中国“红旗”地空导弹的发动机支架、仪表舱以及尾舱等都使用了镁合金。

氧化镁有高度耐火绝缘性能，主要用途之一是作阻燃剂，还可用于高级润滑油剂、食品添加剂、陶瓷、玻璃、染料、人造纤维、耐火材料等。在生物医药领域可用医用级氧化镁作为抗酸剂，中和胃酸。

汽车用超轻减震减噪音镁合金减速机壳体

资料来源：青岛国际院士港

汽车用超节油镁合金轮毂

资料来源：青岛国际院士港

提取方法：海水提镁已经形成工业化规模，广泛采用沉淀法，在海水中加入石灰乳，生成氢氧化镁沉淀，进一步煅烧可以得到氧化镁；氢氧化镁沉淀加入盐酸，可以变成氯化镁，进一步电解，就可以得到金属镁。

氧化镁防火板

氧化镁陶瓷花盆

3. 海洋元素——溴

海水中溴（Br）的总储量约为 95 万亿吨，主要以溴离子的形式存在。地球上 99%的溴元素都存在于海水中，因此被誉为“海洋元素”。溴是唯一在室温下以液态形式存在的非金属元素，呈棕红色，极易挥发，具有刺鼻性的奇臭气味。

用途：溴素及其化合物用途十分广泛，是重要的战略资源，在医药、阻燃、消防、环保等多个领域具有重要价值。溴系阻燃剂是目前全球产量最大的有机阻燃剂，能够有效抑制有机化合物的燃烧。卤代烷类灭火器中也有溴，不仅能扑灭普通火，还能扑灭油火。溴系杀虫剂灭菌力很强；医药上溴化钾、溴化钠、溴化铵可以配成“三溴片”，用作镇静剂；常用的红药水中也少不了溴的身影；溴化银还可以用作照相中的感光剂。

提取方法：海水提溴已经形成工业化规模，主要提取方法是空气吹出法，将氯气通入预先经过硫酸酸化处理的海水，将海水中的溴离子变成单质溴，再用空气或者水蒸气将其吹入吸收塔进行转化、富集、氧化，最后得到产品溴。

4. 品质元素——钾

海水中钾（K）的总储量约为 500 万亿吨，仅次于海水中的钠、镁、钙，位于金属元素的第 4 位。由于海水中钾的浓度比钠、镁要低得多，因此海水分离提取钾技术难度大、经济效益不明显，我国一般利用海水提取盐后的卤水，生产一定数量的钾盐。全球钾资源主要分布在加拿大、俄罗斯和白俄罗斯等少数国家，我国钾资源严重短缺，70%以上的钾资源依赖进口，已成为世界上最大的钾盐进口国。因此，从长远可持续利用角度考虑，开发海水提钾意义重大。

用途：钾是动物和植物生长所必需的营养元素，是与氮、磷一起组成肥料的三大要素，对提高农作物的产量以及改善农作物品质具有重要作用，因此被称为“品质元素”。钾资源的 90%用作肥料，还可用于农药、火药、玻璃、冶金等。含钾的玻璃俗称“硬玻璃”，它比普通玻璃强度高，韧性好，一般用于装饰品和玻璃仪器。

钾肥

提取方法：主要有蒸发结晶法、化学沉淀法、溶剂萃取法和离子交换法，比较成功的方法是蒸发结晶法，利用晒盐剩余的浓盐水蒸发得到光卤石（$KCl \cdot MgCl_2 \cdot 6H_2O$），将光卤石分解为固体氯化钾和氯化镁溶液①。

5. 智力元素——碘

海水中碘（I）的总储量约为 800 亿吨，由于每升海水中含碘仅为 0.06 毫克，直接从海水中提取比较困难。许多藻类植物具有大量富集海水中碘的本领，如每 1 千克干海带中含碘量可达 700~800 毫克②，远高于海水中的含碘量。因此，从海水中工业化提取碘都是采用从海带等藻类植物间接提取的方法。

加碘食盐专供甲状腺病流行地区

碘酊是家庭中常备的消毒药品

用途：碘是人类生存的必需元素，缺碘可引起甲状腺疾病，还可影响人类大脑的正常生长发育，导致智力缺陷，被称为“智力元素”。碘及其化合物主要用于医药、食品添加剂、照相、染料等领域。碘化银可用作照相底片的感光剂以及人工降雨的催化剂。碘片（碘化钾 KI）可以减少甲状腺对放射性碘-131 的吸收，2011 年日本福岛发生核辐射泄漏事故后，日本政府向附近居民发放碘片，用来降低辐射对人体的伤害。

---

① 张绪良，谷东起，陈焕珍，海水及海水化学资源的开发利用，安徽农业科学，2009 年第 37 卷第 18 期，第 8626-8628、8630 页。

② 赵建英，秦丙昌，海带中碘含量的测定，安阳师范学院学报，2007 年第 5 期，第 80，118 页。

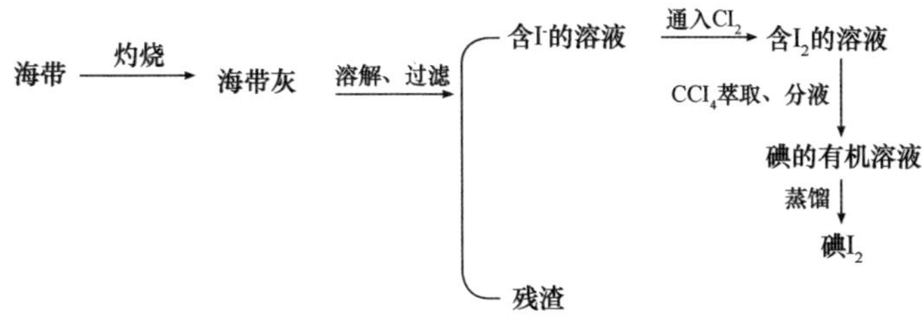

$Cl_2 + 2KI \rightarrow I_2 + 2KCl$

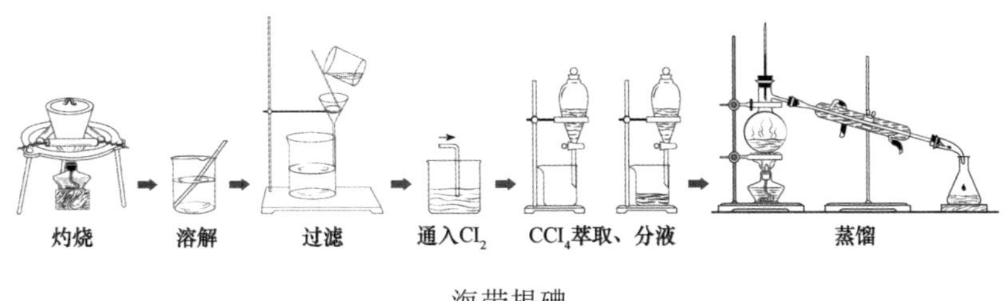

海带提碘

资料来源：https：//www.51wendang.com/doc/9d3a6b7edd84b0a9f49d0701/12

提取方法：燃烧海带得到海带灰，加蒸馏水煮沸、溶解、冷却、过滤，滤液含有碘离子，再加入氧化剂氯气（Cl_2）得到含碘水溶液，利用有机溶剂四氯化碳（CCl_4）萃取出碘单质，蒸馏提取出碘单质。

6. 能源元素——锂

海水中锂（Li）的总储量约为2 300亿吨，是陆地可开采锂资源总量的1.6万倍。由于海水中锂浓度仅为0.18毫克/升，目前提取锂的来源主要是锂矿石和盐湖卤水。但是陆地锂资源量有限，远不能满足市场对锂的巨大需求，海水中的锂资源才是人类取之不尽，用之不竭的巨大来源。目前，海水提锂技术还处于起步研究阶段，但国内外都已取得不错的进展，相信不久的将来，海水提锂将不再是梦。

用途：锂是自然界最轻的银白色金属，化学性质十分活泼，常与铍、镁、铝等合成轻质合金。锂、锂合金及其化合物不但可用于医药、玻璃、陶瓷和润滑剂等传统领域，还可用于新能源、国防军事等高尖端科技领域。锂离子电池，广泛应用于我们使用的笔记本电脑、手机、蓝牙耳机等数码产品中，并且以其高能储存特性成为新能源汽车的首选动力电池。锂拥有优异的热核性能，1 千克锂通过热核反应放出的能量，相当于燃烧 2 万多吨优质煤，1967 年 6 月 17 日，我国成功爆炸第一颗氢弹，就是利用氢化锂和氘化锂来充当炸药。因其重要的用途，锂被美誉为“能源金属”和“推动世界前进的金属”。

氢弹爆炸

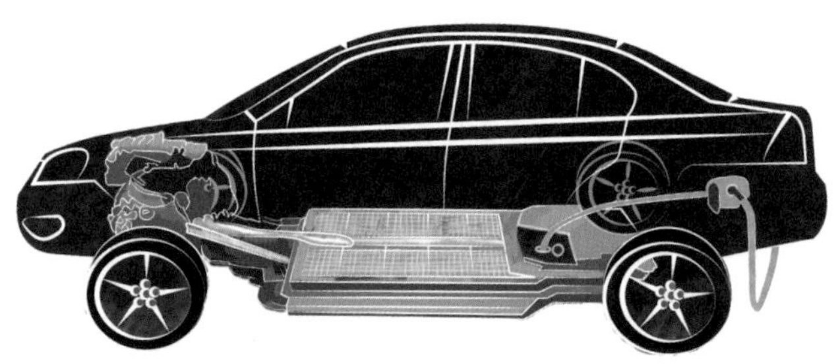

汽车锂电池

提取方法：主要用溶剂萃取法和吸附剂法。吸附剂法被认为是最有前途的海水提锂方法。

7. 核能燃料——铀

海水中铀（U）的总储量约为 45 亿吨，是陆地可开采资源总量的近

1 000倍，如果能够有效提取利用，可提供未来几千年全球的核能需求①。日本是世界上第一个开发海水铀资源的国家，于1986年建成年产10吨铀的海水提铀实验工厂。华东师范大学“671”科研组于1970年，从海水中成功提取到30克铀，得到周恩来总理的高度评价②。由于受到技术和成本的制约，目前全世界的海水提铀仍然没有实现大规模生产。但各国科学家们都在致力于海水提铀技术研究，期待将海洋变成铀资源的巨大宝库。

铀

用途：铀是自然产生的最重的银白色金属，具有放射性，是唯一的天然核燃料。1942年以前，铀的用途很少，主要用作玻璃和陶瓷的着色剂。从20世纪50年代后期开始，铀被越来越多地用作核发电的核燃料，1吨^{235}U核完全裂变所释放的能量相当于燃烧2 700吨优质煤所放出的能量。“二战”时期，美国用从比利时购买的铀制造了原子弹，轰炸日本的长崎和广岛。铀核反应堆也可用作辐射源，应用于农业、食品、医药和地质等方面。

---

① 能改变世界，论文发在行业国际顶级期刊，川大这次研究到底有多“高能”?，四川大学，2018年11月26日。https：//xw. qq. com/amphtml/2018/126A18A1Y00.

② 华东师范大学校史沿革。https：//baike. baidu. com/item/华东师范大学/232635.

原子弹

提取方法：海水提铀的方法有吸附法、溶剂萃取法、起泡分离法、生物富集法，吸附法是目前研究最热门的方法①。

除了上述几种常见海水化学资源，海水中还含有很多对人类有重要意义的资源，但是鉴于目前提取开发手段和经济效益的限制，无法实现有效利用宝贵的化学资源。比如，重水资源，不仅是制造氢弹的重要原料，而且也可作为核反应堆中的减速剂，是重要的战略性资源。早在 1872 年，英国化学家爱德华·索斯塔特研究发现，海水中含有深受人们喜爱的昂贵金属“金”。

广阔无垠的大海，一直都是人类孜孜不倦探索的神秘宝库，随着科学技术的不断发展，相信终有一天我们能够彻底揭开她神秘的面纱。

第四节　海洋空间资源

很多青少年朋友都读过《海底两万里》这本著名的读物，不知你们是

① 袁俊生，纪志永，陈建新，海水化学资源利用技术的进展，化学工业与工程，2010 年，27 卷第 2 期。

否也向往里面描绘的险象丛生、令人陶醉的海底世界？其实海底只是海洋空间资源的组成单元之一。海洋空间资源指整个可供人类利用的海洋立体空间，我们可以分别从海岸、海岛、海洋水体、海底等单元来进行探讨。

一、海岸空间

海岸是海洋和陆地相互接触和相互作用的地带，包括遭受以波浪为主的海水动力作用的广阔范围，即从波浪所能作用到的深度（波浪基面），向陆延至暴风浪所能达到的地带。海岸是人类从海洋索取食物等资源的发源地，也是人类开始认识海洋的处女地。在漫长的海岸地带，由于地貌、气候、河流水系、资源环境等很多因素形成的南北和东西差异，形成了不同类型、多姿多彩的海岸风景。

自古代起，我国沿海地区就根据本地海岸的得天独厚条件，以“行舟楫之便”与“兴鱼盐之利”发展海洋经济。我国北部海岸类型很多是以平原为主，这样的海岸比较适合发展农业，例如黄河三角洲，凭借这份得天独厚的地理条件，发展出全国第二个国家级农业高新技术产业示范区——黄河三角洲农业高新技术产业示范区。我国东部海岸突出的代表是长江三角洲和钱塘江两岸的平原，这里是著名的鱼米之乡、丝绸之乡，为长三角地区的城市发展奠定了非常好的基础。我国东南沿海以山地丘陵地貌为主，耕地极为有限，但是山地矿藏资源丰富，尤其是拥有丰富的高岭土与山地木柴资源，孕育了“山海经济”的特点，刺激了海洋经济的繁荣和发达。

从地质类型分，我国的海岸类型主要有基岩海岸、沙质海岸、淤泥海岸、三角洲海岸、红树林海岸等。这其中的红树林海岸是非常独特的类型，红树林是在海岸生长的一种热带、亚热带广泛分布的植物群落红树，是长在海上的绿色森林。红树林在福建、广东、广西等省、自治区海岸均有分布，涨潮的时候红树林可被淹没，退潮时则会成片覆盖在海滩上。红树林被称为海岸卫士，因为红树林是热带海岸的重要生态环境，能防浪护岸，又是鱼、虾繁衍栖息的理想场所。科学家们反复呼吁，要像爱护熊猫一样爱护红树林，因为红树林不是简单的森林植被，红树林既能防浪护

黄河三角洲

岸，也是鸟类的栖息地，同时它还为众多的海洋生物提供了生存、觅食、繁衍的环境，如果红树林遭到破坏，将会影响整个海洋生态系统。

“中国最美的地方”评选活动评选出了中国最美八大海岸，分别是海南亚龙湾野柳海岸、台湾野柳海岸、山东成山头海湾、海南东寨港红树林、河北昌黎黄金海岸、香港维多利亚海湾、福建崇武海岸、广东大鹏半岛海滩。如果有时间和家人朋友一起去漫步，领略不同的海岸风景，一定会对我国海洋文明有更深刻的理解。

台湾野柳海岸

海南亚龙湾野柳海岸

知识拓展

海岸空间的开发利用——港口发展。在没有空运的时候，港口是世界上各国沟通交流的重要地方，港口就是依托海岸建立的。纵览全球，港口城市通常是最先发展起来的城市，而且多为发达城市。在世界贸易繁荣的当今时代，海运是极其重要的，全球 35 个国际化城市，其中 31 个是因为有港口而发展起来的国际化城市，全球财富的一半都集中在沿海港口城市。由此可见，无论在任何国家，港口对城市经济的发展和国家的发展都起着非常重要的作用。

世界上比较著名的港口包括荷兰的鹿特丹港、上海港、深圳港、香港维多利亚港、德国的汉堡港、新加坡港、美国的洛杉矶港等。在斯里兰卡境内，有一个世界级的大港口——汉班托塔港口，2007 年 10 月，在中国的援助下，斯里兰卡政府在汉班托塔开始建设大型港口。2012 年 6 月，中国投资 15 亿美元兴建的汉班托塔深水港开始运转，每天约有 300 艘船只到港。

二、海岛空间

提起海岛，人们首先想起的是其美丽风光，其实海岛还是自古以来保卫国土的重要屏障，也是人类开发海洋的远涉基地和支点。长山群岛、庙岛列岛、舟山群岛、万山群岛和南海诸岛，都是我国的国防要塞。台湾海峡中部的澎湖列岛，是封锁海峡的要地，是连接东亚与东南亚航运的咽喉要道。南海地处东南亚各国环绕的核心海域，是连接东西方及澳洲与亚洲大陆的海上交通“十字路口”，同时，南海蕴藏着丰富的海洋油气资源，是“第二个波斯湾”，因此南海岛屿的位置尤其重要。

在现代社会，海岛的经济价值更加突出。海岛周边的浅海滩涂比较广阔，水产资源丰富。我国著名的“舟山渔场”，就是环绕在浙江舟山群岛的一片海域，舟山渔场是众多的经济鱼虾类的产卵、索饵场所，也是我国沿海冬季渔业规模最大、产量最多的带鱼渔场，是我国最大的近海渔场。舟山渔场之所以能形成，一是东海大陆架很广阔，光照十分充足；二是长江水源源不断流入，带来了大量养分；三是有台湾暖流和沿岸寒流在此交汇，使洋流搅动，养分上浮。除此之外，周围岛屿众多，温带至热带的地形、地貌、海岩、岸滩、植被、海床、珊瑚礁，造就了海岛的迷人风光，海岛旅游资源对当地的经济发展贡献非常大，如海南岛、桃花岛等。

知识拓展

海岛上的现代城市。通过现代的工程能力，已有越来越多的国家在岛礁上建设海上城市。在日本神户市以南约 3 千米、水深 12 米的海洋上，日本人用了 15 年的时间，耗资 5 300 亿日元，建成了一座长方形的海上城市，海上城市中有饭店、旅馆、商店、博物馆、学校和公园①。

三、海洋水体空间

我们平时所说的“海洋”就是指的水体，海洋的中心部分称作洋，边缘部分称作海。全球海洋的平均水体深度是 3 800 米左右。最深的海沟基本上都在太平洋，最深的是马里亚纳海沟，约 11 034 米。海洋总面积有 3.61 亿平方千米，但人类目前探索的仅有 2%~5%。

① 杨国桢，中国海洋空间 · 中国海洋资源空间，北京：海洋出版社，2019 年。

海洋水体不仅有丰富的生物资源，也是发展海上航道、开发利用海洋的空间。霸权国家控制世界的方法之一就是通过控制重要的贸易航道以及中东的石油。世界上有 5 条重要的航运通道，一是东亚和北美之间的海洋运输航道；二是北美东西海岸之间的海洋运输通道；三是北美和欧洲之间的海洋运输航道；四是东亚至印度洋往欧洲的海洋运输航道；五是北极航道。海洋水层空间资源，可作为潜艇和其他民用水下交通工具运行空间，发展水层观光旅游、体育运动和海洋牧场等。比较原始的水上休闲平台是鱼排，目前在海南省陵水县小渔村已经成为民俗文化，全国最大的现代海水旅游度假平台是日照市的海上牧歌，平台按照海上浮岛的原理设计，可以观光和垂钓，平台总长 88 米、宽 38 米。

知识拓展

哪条航线是我国已知的最为古老的海上航线？“海上丝绸之路”也称为“海上陶瓷之路”和“海上香料之路”，自秦汉时期就已开通，在三国至隋朝时期得到较大发展，繁荣于唐宋时期，转变于明清时期，是已知的最为古老的海上航线。

古代“海上丝绸之路”从中国东南沿海，经过中南半岛和南海诸国，穿过印度洋，进入红海，抵达东非和欧洲。借助“海上丝绸之路”这一通道，我国古代的先进发明被传播到世界，为世界科技的发展做出了巨大的贡献。尤其是到了宋元时期，中国进入历史上造船技术大发展的高潮时期，中国造船技术和航海技术大幅提升，特别是指南针在航海上的运用，全面提升了商船远航能力。这一时期，中国同世界 60 多个国家有着直接的“海上丝绸之路”商贸往来。

历史证明，由“海上丝绸之路”带动的不同文化的交流碰撞，推动了世界的进步和发展，国际化视野的开放交流也因此成为世界发展的思想共识。当下，中国在启动与东盟及世界各国共建 21 世纪“海上丝绸之路”的倡议，历史上曾创下的海洋经济观念、和谐共荣意识、多元共生意愿，将为国家发展战略再次提供丰厚的历史基础。

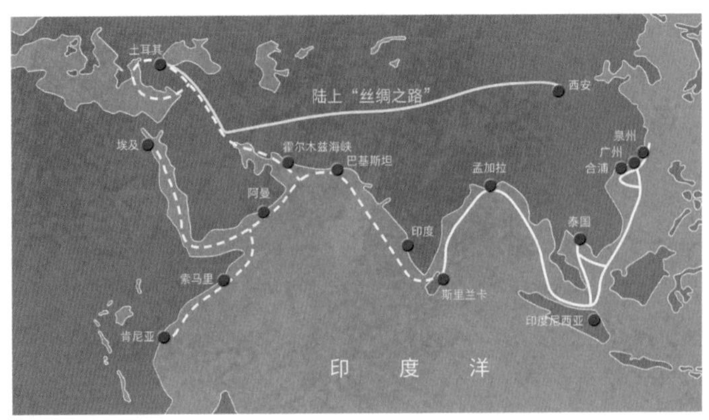

汉代“海上丝绸之路”示意图

四、海底空间

人类进入 21 世纪面临着三大难题，第一是人口膨胀问题，全球现已有超过 70 亿的人口；第二是资源短缺问题；第三是环境恶化问题。

面对这三大难题，我们的出路在哪里？

有科幻作家预言，几十年后，我们可能要潜入海底生活，在海底用钢材和玻璃建造海底城市。虽然这是幻想，但现实中，我们已经在逐渐开拓海底建设，例如，海底隧道、在海底铺设油气管道和光缆等。青岛胶州湾海底隧道是我国长度第一，世界排名第三的海底隧道，有了这条隧道，以前要绕道 1 个小时的车程，5 分钟就完成了。现在琼州海峡也正在探讨论证海底隧道建设，如果能实现，以后去海南旅游的交通方式就更多、更便捷了。

第五节　海洋能源

我们日常所用的电、石油等，并不像看起来那样取之不尽、唾手可得，甚至于现在，我们经常能听到“能源危机”一词，这是因为地球上的三大化石能源（煤炭、石油、天然气）是不可再生能源，储量日益减少，并且这一类能源对我们生存的环境产生污染，是全球变暖的“主凶”。人类一直在寻找清洁能源来替代化石能源，例如，太阳能、风能、水能等。而其实海洋就是一个能源宝库，蕴含着巨大的海洋能，包括潮汐能、海流能、波浪能、温差能、盐差能。从 20 世纪 80 年代开始，科学家们逐渐将新能源的目光放到了海洋上，但受到技术、环境等因素的影响，目前只有潮汐能得到较为成熟的运用，科学家们正在努力挖掘其他能源的开发潜力。

一、海洋风能

风电原理是利用风力带动风车叶片旋转，促使发电机发电，因而风电场当地的风速对发电量影响较大。与陆地风电场相比，海上风电场有着更加突出的优势。①海风吹程长、海面摩擦力小，因此风速较大，因为能量和速度的二次方成正比，所以如果海上风速是陆地上的 1.5 倍，输出功率则是 2 倍多。②海上更便于运输、安装更大型的装置。③近海风场通常距离沿海人口密集地区比较近，从而减少了电力在运输途中的损耗。

目前，欧洲的海上风电已经进入平价阶段，而我国的海上风电还没有真正成熟起来。一是成本高，因为我国海上风电技术起步晚，目前很多技术和设备都是依赖国外，整个产业链的成本较高；二是海上风电存在并入电网困难、不稳定的共性问题；三是浮体风机技术不成熟、安装维护成本高。因此，要想真正实现我国海上风电的大发展，必须发展科技，降低成本。

海上风电装置

二、潮汐能

潮汐是海水受到月球、太阳等天体引潮力作用而产生的一种周期性海水自然涨落现象，海水的涨落进退蕴含着巨大的势能（即海水高低，潮差最高达 18 米）和动能（即海水流动，流速最大 14 米/秒）。

潮流发电的优点是可预报性，不产生废气和废物；与风力发电相比，水密度大而能量集中，潮流方向稳定；对环境破坏小。利用潮汐发电必须具备两个物理条件。一是潮汐的幅度必须大，至少要有几米；二是海岸的地形必须能储存大量海水，并可进行土建工程。我国沿海主要为平原型和港湾型两类，杭州湾以南的部分港湾海岸地势险峻，坡陡水深，海湾、海岸潮差较大，但多为淤泥质港湾，开发存在较大的困难。潮汐能发电也有缺点，如受潮汐周期影响，提供的电力是间歇性的；对生态环境也有不良影响，如导致河口泥沙淤积、水坝工程影响部分鱼类溯游产卵。

1913 年，世界上第一座潮汐发电站在法国诺德斯特兰岛建成，利用海洋潮汐涨落时产生的水流带动水轮机旋转，并带动发电机发电；世界上第一座现代化的商业用潮汐发电站是法国朗斯潮汐发电站，1966 年开始发电，每年可发电达 5.44 亿千瓦 · 时。

桩柱式安装的桨叶式潮流发电机效果图

三、波浪能

波浪能也是一种巨大的海洋能，通常利用起伏的波面在空气室内产生振荡的空气柱，以此驱动涡轮并发电，目前多用于中小型浮标、导航设备等产品的发电。

英国、爱尔兰、法国和澳大利亚等附近海域的波功率密度最为集中，波浪能也最为丰富。澳大利亚的 Oceanlinx 公司研发出了 Energetech 振荡水柱式波浪发电装置，这是世界上唯一一个采用可变桨距透平的装置，使之成为转换效率最高的振荡水柱式波浪能装置，虽然这套装置提高了转换效率，但也带来造价高和可靠性较差的问题，因此影响了该技术的发展。

“水能载舟，亦能覆舟”，更大的波浪具有更大的波浪能，但其破坏力也更强。例如，1985 年挪威 Toftstallen 岛建成的波能站于 1988 年被一次大风暴破坏。2019 年，中国科学院广州能源研究所的科学家们经过多年钻研，终于研发出整机具有自主知识产权的鹰式波浪能发电装置，其波浪能能量转换技术达到国际领先水平①。

四、海流能

海流能主要是指海洋环流流动的动能。海流具有的动能巨大，如墨西哥湾流具有的动能是全球所有内陆河流总能量的 50 倍。但是目前在大洋中直接获取这种能量具有较低的可行性，尚未运用于商业开发。

目前，海流发电站通常浮在海面上，用钢索和锚加以固定。有一种浮在海面上的海流发电站看上去像花环，被称之为“花环式”海流发电站。这种发电站是由一串螺旋桨组成的，它的两端固定在浮筒上，浮筒里装有发电机。整个电站迎着海流的方向漂浮在海面上，就像献给客人的花环一样。这种发电站之所以用一串螺旋桨组成，主要是因为海流的流速小，单位体积内所具有能量小的缘故。它的发电能力通常是比较小的，一般只能

① 中国电力百科全书，2014 年。

为灯塔和灯船提供电力，至多不过为潜水艇上的蓄电池充电而已。驳船式海流发电站是由美国设计的，这种发电站实际上是一艘船，所以叫发电船更合适些。船舷两侧装着巨大的水轮，在海流推动下不断地转动，进而带动发电机发电。这种发电船的发电能力约为 5 万千瓦，发出的电力通过海底电缆送到岸上。当有狂风巨浪袭击时，它可以驶到附近港口避风，以保证发电设备的安全。

五、温、盐差能

温差能是指海洋表层海水和深层海水之间水温差的热能，是海洋能的一种重要形式。温差发电的概念是法国人雅克・阿尔塞纳・达松瓦尔在 1881 年提出的。1926 年法国科学家 G. 克劳德在分别装有 28 摄氏度的温水和冰块的两个烧瓶之间实现温差能转换成电能，从而证明利用海洋温差发电是完全可以实现的。海洋温差发电存在的主要技术难点是热交换器换热系数的逐渐降低和深海冷水取水管材质问题。盐差能是指海水和淡水之间或两种含盐浓度不同的海水之间的化学电位差能，是以化学能形态出现的海洋能。这种能量密度太低，较为分散，目前难以进行实际运用。

第五章　精彩的海洋科学和经济

海洋作为生命的摇篮深深地影响着人类。它幅员辽阔且资源丰富，为数以千万计的人提供了就业机会，是世界上许多商业的运输路线，承受着人类大量废弃物，也许最重要的是，它激发了我们的冒险精神和好奇心。为了探索海洋自然规律，我们将各种海洋知识分类研究，逐渐建立完整的知识体系，形成了海洋科学。为了满足物质文化生活的需要，我们流通、分配、消费海洋空间和海洋资源，开展一系列生产活动，形成了海洋经济。下面我们就一起来感受海洋科学和海洋经济的精彩世界，进一步了解人类与海洋的关系。

第一节　海洋科学

一、什么是海洋科学？

从古至今，神秘的海洋给我们留下了许多有趣的问题，例如，海洋是怎样形成的？海水为什么是蓝色的？海洋的年龄到底有多大？海洋科学就是要解开人类对海洋的迷思，从而使人类更好地开发和利用海洋。

海洋科学是研究地球上海洋的自然现象、性质和变化规律，以及与开发和利用海洋有关的知识体系。它的研究对象，既为占地球表面近 70.8%的海洋，其中包括海洋中的水和溶解、悬浮在其中的物质，以及生存于海洋中的生物；也包括海洋底边界——海洋沉积和海底岩石圈，海洋侧边界——河口、海岸带，海洋上边界——海面上的大气边界层等。它的研究内容，既有海洋中的物理、化学、生物、地质过程，及其相互作用的基础理论，也包括海洋资源开发、利用以及有关海洋军事活动所迫切需要的应用研究。它的研究方法，既需要直接观察自然现象，也需要系统研究来理解自然现象内部的运行规律，并通过两者结合来开展工作。依据海洋自然过程的不同属性，海洋科学被划分为多个学科，包括物理海洋学、海洋化学、海洋生物学、海洋地质学。实际上，各学科仍然存在众多交叉之处，因为某一个自然现象的产生是许多其他类的现象共同相互作用的结果，也正是这种跨学科性使海洋科学如此迷人。

二、海洋科学是怎样发展起来的?

早期人类对海洋的探索主要是为了绘制地图，局限于海平面以上。各个国家对海洋自然现象的研究也仅限于对潮汐、潮流规律的记录。史前时代，亚里士多德（Aristotle）和斯特拉波（Strabo）记录了对潮汐的观测。8 世纪中叶，窦叔蒙所著《海涛志》是我国现存最早的关于潮汐研究的专著。1513 年，胡安・庞塞・德莱昂（Juan Ponce de León）第一次发现了墨西哥湾流，虽然水手们都很熟悉这条海流，但直到 16 世纪，本杰明・富兰克林（Benjamin Franklin）才第一次对它进行了长周期记录，并于 1769—1770 年印制了第一张墨西哥湾流地图。18 世纪晚期的探险家詹姆斯・库克（James Cook）和路易斯・安托万・德・布干维尔（Louis Antoine de Bougainville）收集了关于太平洋洋流的信息。詹姆斯・伦内尔（James Rennell）详细描述了大西洋和印度洋的洋流，并绘制了“拉古拉斯的河岸和水流”的地图。

18 世纪末，随着海洋探险工具的进步，人类的踪迹遍布各大洋，研究所及扩展到海平面以下几米。1831—1836 年，达尔文作为博物学家参加了“贝格尔”号考察活动。在此期间，他收集各种海岸、浅海的生物标本和岩石样品并进行分析，完成了一系列生物学和地质学的学术专著，包括最著名的《物种起源》。1840 年，詹姆斯・克拉克・罗斯（James Clark Ross）爵士首次发现了地磁北极和南极。1841—1842 年，爱德华・福布斯（Edward Forbes）在爱琴海进行疏浚工作中，指出了生物的种类有随海洋深度增加而减少的趋势，发现了海洋生物垂直分布的分带现象，从而开创了海洋生态学。1855 年前后，马修·方顿·莫里（Matthew F. Maury）从各国船只搜集来大量的有关风、海流和水温等的观测记录，汇编出领航图，出版了《海洋自然地理学》和《航路指南》，这也是海洋科学最早的教科书，被誉为世界科学出版物的一个里程碑。

直到 1872 年，“挑战者”号探险队起航，人类第一次揭开了深海的秘密，此次考察也被誉为第一次全球海洋科学考察。在 4 年的时间里，“挑战者”号航行了近 7 万海里（13 万千米），进行了 492 次深海探测，大约有 4 700 种新的海洋生物被发现，也激起了全球海洋科学考察热潮。从 19 世纪末开始，其他西方国家纷纷派出多艘科学考察船。1893 年，弗里德科夫·南森（Fridtjof Nansen）将考察船“弗拉姆”（*Fram*）号冻结在北极的冰层里，得以长期在一个固定地点获取海洋、气象和天文数据。1907—1911 年间，奥托·克鲁梅尔出版了《海洋制图手册》，唤醒公众对海洋科学的兴趣。1910 年由约翰·默里（John Murray）和约翰·霍特（Johan Hjort）率领的北大西洋考察队，历时 4 个月，是当时进行的最雄心勃勃的海洋学和海洋动物学研究项目，并于 1912 年出版了经典著作《海洋深处》。在 1925—1927 年，“流星（Meteor）”远征队使用回声探测仪收集了 70 000 个海洋深度的测量数据，测量了大西洋中脊。20 世纪 50 年代，奥古斯特·皮卡德（Auguste Piccard）发明了深海潜水器，并利用“里雅斯特”（*Trieste*）号调查海洋深处。1953 年，美国地球物理学家莫里斯·尤因（Maurice Ewing）和布鲁斯·希曾（Bruce Heezen）发现了沿着大西洋中脊的全球大裂谷。1954 年，苏联北极研究所在北冰洋下发现了一座山脉。1958 年，美国核潜艇“鹦鹉螺”（*Nautilus*）号第一次在冰层下航行到北极。1977 年，约翰·考利斯（John Corlis）和罗伯特·巴拉德（Robert Ballard）乘“阿尔文”号潜水器（DSV Alvin）在东太平洋洋中脊深度约 1 650米的海底熔岩上首次发现了深海热液喷口。

从 20 世纪中期开始，各国科学家在长期的调查研究中认识到，海洋环境的复杂性使任何一个国家都难以一己之力承担完整的、大型的研究计划。从此时开始，许多大型项目都以国际合作的方式开展。例如，美国国家科学基金会 1968 年组织开展的深海钻探项目（Deep Sea Drilling Program，DSDP），到了 1975 年该项目扩大为“国际大洋钻探计划”（Ocean Drilling Program，ODP），这个计划的实施为板块学说的确立、地球环境的演化和地球系统行为的研究提供了极其丰富的资料。进入 21 世纪，这个计划又有了进一步扩大，成为“综合大洋钻探计划”（Integrated Ocean Drilling Program，IODP），各成员国加大投入，使人类获得在任何海域实施钻探的能力。目前，国际合作进一步朝着大规模、多学科交叉的方向发展。最近几年的研究热点聚焦在海洋酸化、海洋热含量、洋流、厄尔尼诺现象、甲烷水合物沉积绘图、碳循环、海岸侵蚀、风化和气候反馈等领域。在研究手段方面，科学家开始重视在海洋学中应用大型计算机，以便对海洋状况进行数值预测。

三、海洋科学各分支都研究什么？

海洋中发生的自然过程，按照属性大体上可分为物理过程、化学过程、生物过程和地质过程 4 类，每一类又是由许多个别过程所组成的系统。对这 4 类过程的研究，相应地形成了海洋科学中相对独立的 4 个基础分支学科：物理海洋学、海洋化学、海洋生物学和海洋地质学。下面我们将通过各个分支的研究内容和各领域的知名科学家更进一步认识海洋科学。

1. 物理海洋学

物理海洋学是应用物理学的理论、技术和方法，来解释海洋中的物理现象及其变化规律，包括海水的物理性质和运动，海洋水体与大气圈、岩石圈和生物圈的相互作用的科学。简言之，海洋遵循基本的物理定律，而物理海洋学关注的是这些定律的数学表达，用以描述海洋现象，并预测海洋将如何响应未来的变化。比如，海洋在潮汐和风的推动下形成了一个动态的系统：海洋被太阳加热蒸发，与河流、降雨和融水等淡水混合补给，同时随着潮流流动。物理海洋学家想要了解的就是这个系统中海水移动的原因、地点和方式。在局部范围内，这有助于更好地理解波浪和潮汐，及其对海岸侵蚀或河口污染物扩散的影响。在更大的范围内，增进了人类对洋流和世界气候之间相互作用的理解，从而提高了我们对全球变暖、对海平面上升影响的预测。

知识拓展

你知道现代海洋物理和海洋气象学巨匠斯维尔德鲁普是谁吗？他都做出了哪些杰出的贡献呢？

哈罗德·阿尔瑞克·斯维尔德鲁普（Harald Ulrik Sverdrup，1888—1956年），著名挪威海洋学家、气象学家。曾担任加利福尼亚大学海洋学教授和斯克里普斯海洋研究所所长12年，还曾任国际物理海洋学协会（IAPO，现改名为国际海洋物理科学协会，IAPSO）主席、国际极地气象学会（ICPM）主席等职。他的巨著《海洋》在海洋科学发展史上具有划时代的意义，海洋学由此成为一门独立的科学。

斯维尔德鲁普在研究水声问题、海浪预报和海流图的绘制等方面取得了辉煌的成果。他一生躬身于海洋事业，参加了数次海洋科学考察活动。1918年至1925年间两次参加“莫德”号北冰洋漂流探险调查，通过对海底深度、潮流和潮高的测量，正确描述了东西伯利亚海广阔的陆架地区潮汐作为庞加莱波的传播；他利用从1938年至1941年间先后33次海洋调查船 *E. W. Scripps* 的海上调查成果，制作完成了详细的加利福尼亚沿岸海洋数据集；1949年，以61岁高龄出任由挪威、英国、瑞典三国学者组成的南极探险队队长①。

你知道我国海浪研究的先驱文圣常是谁吗？他都做出了哪些杰出的贡献呢？

文圣常（1921—），河南光山人，中国物理海洋学家，中国科学院院士，中国海洋大学教授。文圣常最杰出的贡献是在国际上较早地将“谱”的概念与能量结合起来描述海浪的成长和变化过程，为人类精准的计算和预报海浪奠定了基础。

文圣常原是一名优秀的航空工程专家，1946年，他在美国进修期间就

---

① 胡领太，童立勤，王雪凤，海洋科教，广州：中山大学出版社，2012年。

翻译出版了《原子轰击与原子弹》一书。他成为一名物理海洋研究者缘于一次偶然的发现①。1946 年 1 月，他在乘船赴美进修途经太平洋时遇到风浪，几千吨重的船被汹涌的海浪轻易地抛起。这使他想到海浪中蕴藏着巨大的能量，并对认识这种能量产生了极大的兴趣。1952 年，他正式转向海浪研究，并在随后的近 70 年里专注于此，在海浪理论与应用方面做出了重要贡献。

文圣常除了海浪理论和应用研究之外，在海洋教育事业上也做出了卓越贡献。他编著了一系列具有中国特色的物理海洋学的专著与教材，包括：《海浪原理》《海浪理论与计算原理》《海浪学》《液体波动原理》《图解与近似计算》《海洋近岸工程》等教材。同时，将所获“何梁何利基金科学与技术进步奖”和“青岛市科学技术最高奖”奖金全部捐给了祖国的教育事业。

2. 海洋化学

海洋化学是研究海洋各部分的化学组成、物质分布、化学性质和化学过程，以及海洋化学资源在开发利用中的化学问题的科学。简单来说，海洋化学家的首要任务就是确定海洋中的化学成分，以及它的浓度和分布特点。海水可以称之为复杂的“化学浓汤”，除了主要成分——水之外，同时还包括许多其他化学物质，因此必须采用多种技术来确定它的成分。比如一些海水中的化学物质浓度极低，科学家仅仅想要识别它们的存在就属于一项挑战，更不用说量化它们的浓度。在确定这些化学成分的组成后，科学家就可以回答诸如：哪些化学物质对海洋植物有益？海洋生物是否能产生有益于现代文明的天然化学物质？杀虫剂、石化产品、金属和放射性污染物等对环境有影响的化学物质在海洋中如何发挥作用等一系列和人类生产生活相关的问题。化学海洋学是海洋生物化学和海洋沉积过程地球化学的基础。

---

① 世青，李旭奎，海洋科教，青岛：中国海洋大学出版社，2011 年。

知识拓展

你知道著名海洋化学家福奇哈默是谁吗？他都做出了哪些杰出的贡献呢？

约翰·乔治·福奇哈默（Johan George Forhhammer，1794—1865 年），丹麦化学家、矿物学家。福奇哈默生于丹麦哥本哈根。1815 年在德国基尔大学攻读物理、化学、药学、数学和矿物。1820 年获哥本哈根大学博士学位。历任哥本哈根大学工程学院化学和矿物学教授，1831 年任哥本哈根大学地质与矿物学教授，1851 年任哥本哈根大学工程学院院长，同时兼任丹麦皇家科学院秘书。

福奇哈默在海洋化学研究上的贡献是：较全面地分析了 20 年来从丹麦和英国海军收集的 160 多份海水样品成分。1859 年发现并提出海水盐分含量虽然各地不同，但主要溶解的组分几乎是相同的，此观点，当今虽略有修正，但依然正确；根据海水分析，解释了海底沉积、火山活动对海洋的影响；提出“地球化学平衡的问题”，研究由江河流入海洋的无机物的行踪。提出在每一沉积旋回的海水中，各种元素的含量与河口携带入海的各种元素的数量不成正比，钙与硅是河水的主要成分，但在海水中并不多，这是由于钙、硅在海水中被海洋生物吸收，用于生物体内的骨骼成长；在海水中分析出锶和氟两种元素；证实了在含大量有机物的海水中有硫化氢存在，其中硫酸根离子上氯离子的比值比大洋水要低。此外，还研究了融冰水和江河水对海水的影响，定性和定量地分析了海草和海产动物中的一些微量元素；研究一些重要的元素在海水、海产动植物中的循环。从氮在海水，海产动植物间的循环与氮在陆地土壤、动植物间的循环来看，都是相同的。

福奇哈默一生发表过 200 多篇关于化学和地质学的论著，都是坚持用化学的观点和化学分析的方法来论证自已的论点。主要著有：《海水的成分》（1835）（1859，英文译文于 1865 年在英国皇家学会会志上发表），《丹麦记录地质构造》。

你知道我国海洋化学的奠基人李法西是谁吗？他都做出了哪些杰出的

贡献呢？

李法西（1916—1985 年），福建泉州人，物理化学家与海洋化学家。李法西最主要的成就是发表了首篇化学论文——《河口硅酸盐物理化学过程研究》，开创了中国河口化学领域的研究，同时，他还主持了一系列国外海洋化学专著的翻译工作，为中国海洋化学学科发展打下了坚实的基础。

1950 年，李法西在美国加州理工学院攻读博士学位期间，响应周恩来总理的号召，排除各种阻力回到祖国。回国后，他就任于厦门大学化学系，致力于胶体与表面化学研究，成为中国海洋化学研究的学术带头人。1958 年，他在厦门大学创建海洋化学专业。1960 年在福建海洋研究所创建了海洋化学研究室。1960 年起，李法西担任海洋化学分组组长，参与制定我国海洋科学十年发展规划，他也是 1963 年 5 月向国务院、党中央写信建议成立国家海洋局的 29 位专家之一。

李法西对中国海洋化学的发展方向提出了重要意见。他始终认为海洋化学应研究海洋中的各种化学过程，提出海洋化学要跟其他海洋学分支学科相互渗透、相互配合，以解决综合性的海洋问题，后来的实践证明，李法西的这些看法和建议是很有预见性的。

3. 海洋生物学

海洋生物学是研究海洋中生命的现象与本质的科学。具体来说，是研究海洋生物的分布、形态、结构、生理、生化、发生、遗传、进化以及生物之间、生物与其所处的海洋环境之间的相互作用和相互影响的科学。它的研究内容涵盖了从病毒到蓝鲸等各种生物，因此被划分为许多生物学学科，微生物学家研究细菌和真菌；植物学家研究海洋中的植物，从单细胞藻类到巨大的海藻；动物学家研究范围从微动物到甲壳纲动物、软体动物、鱼类和海洋哺乳动物的一切。海洋生物学家有可能把研究集于在一组生物体上，也有可能把生态系统看做是一个整体，研究生物群体之间的相互作用以及影响群落中长期和短期变化的因素。海洋生物学研究与人类生活同样息息相关，比如：开发海洋生物资源可以解决不断增长的世界人口问题，合理利用海洋藻类可以帮助对抗由大气中二氧化碳浓度增加引起的全球变暖。同时海洋生物过程也与其他海洋过程紧密相连，比如：海洋生物过程受到海洋化学和物理的强烈影响，反过来，生物过程也影响着海洋化学和沉积过程。

知识拓展

你知道浮游生物学之父亨森是谁吗？他都做出了哪些杰出的贡献呢？

威克多·亨森（Victor Hensen，1835—1924 年），德国著名海洋生物学家。亨森最大的贡献是开创了浮游生物学研究，并将浮游生物研究定量化，包括：首次将浮游生物命名为“Plankton”，设计制成了鱼卵采集网和浮游生物采集网——亨森网（至今仍在沿用）。

1889 年 7—10 月，在亨森的指挥下，进行了一次浮游生物的专项探险，航线横穿大西洋，经格陵兰、马尾藻海到佛得角，沿阿森松岛、巴西，最后回到欧洲。他在这次调查中发现，温暖海洋中的浮游生物很少，而寒冷的海洋中浮游生物数量却很大。1895 年，亨森致力于在一定时间和固定场所测定浮游生物量的探索，了解生物量的分布及其变化，目的在于改善采集方法。1897 年，他调查了浮游生物的生产速度，为后来学者对这个问题的深入研究打下了基础。

除了浮游生物外，亨森还深入研究了海洋生产力的起源，定量地研究了海洋物质代谢的方法，探讨了鱼类所需的基本饵食及数量。他对北海渔业的发展做出了很大的贡献，可以说，是他奠定了水产资源学的基础。

你知道我国海藻学的奠基人曾呈奎是谁吗？他都做出了哪些杰出的贡献呢？

曾呈奎（1909—2005 年），福建省厦门人，海洋生物学家，中国科学院院士。曾呈奎最大的贡献是创新了紫菜养殖方法，使紫菜进入了我们寻常百姓家。

曾呈奎从 1930—1940 年任岭南大学副教授期间，就对近海海藻资源进行了调查研究。10 年内，他采集了几千号海藻标本，以这些最早的海藻资料，发表了《中国海藻分类研究》论文，成为中国海藻研究的奠基者。

从1950年下半年开始，曾呈奎与助手们研究紫菜的人工培育技术，找到了紫菜的“种子”——壳孢子，并对紫菜进行人工养殖。他们培育的紫菜种子在沿海推广后，人工栽培紫菜业迅速发展起来，使中国紫菜年产量超过1 000万吨干品。

4. 海洋地质学

海洋地质学又被称为海底地质学，是研究被海水覆盖的地球岩石圈及其与地球其他圈层（软流圈、下地幔、地核、水圈、生物圈、大气圈）相互作用的科学。这包括了解海底物质的起源、腐蚀、运输和沉积的机制。海洋地质学的根本任务是解决人类对矿产资源和环境的需求，包括由此引发的军事和国家权益方面的需求。早期的海洋地质学主要是解决人类对矿产资源的需求，环境只是作为矿产资源开发中的因素来考虑。逐渐地，科学家发现海洋地质学还与沉积物沉降有关，这一过程可能在海床上进行了上百万年的时间。沉积物是对过去发生事件的记录，诸如气候和海平面变化，这将帮助我们预测人类活动对环境的影响。所以目前有关的海洋沉积物与海洋环境的关系问题也已成为海洋地质学中的重要内容之一。海洋地质学家应用一系列地质物理学和地层学技术探测沉积物和海底地壳岩石的秘密。

知识拓展

你知道被誉为“揭开深海面纱的科学家”巴拉德是谁吗？他都做出了哪些杰出的贡献呢？

罗伯特·D. 巴拉德（Robert D. Ballard，1942—）是当代美国杰出的海洋科学家。他最著名的发现包括热液喷口、沉没的“泰坦尼克”号、德国战舰“俾斯麦”和世界各地的许多其他当代和古代沉船。在他漫长的职业生涯中，他已经采用当前最新的勘探技术进行了超过120次深海探险。

在巴拉德40多年的海洋探险历程中，他深信在对海洋的探险和发现中，许多成就是在机缘巧合中获得的——我们费尽心思想找到某样东西，却无意间发现了另一些更有价值的东西。最著名的例子莫过于海底热液口

（或称海底黑烟囱）生物群的发现。1977 年，巴拉德作为海洋地质学家，和同伴们乘潜水器来到加拉帕戈斯裂谷，试图找出海底山脉受到张力变形的原因。他们找到了原因，但更重大的发现不是那些高品位矿藏，而是在热液口附近生存的大量的奇异的、远远超出人类想象力的生物。从长长的管蠕虫到硕大的蛤蜊，还有为这些大型生物提供能量来源的细菌，所有这些都从未在人类的教科书上出现过。

你知道我国古海洋学的开拓者汪品先是谁吗？他都做出了哪些杰出的贡献呢？

汪品先（1936—），江苏苏州人，海洋地质学家，中国科学院院士，第三世界科学院院士，同济大学海洋与地球科学学院教授。

汪品先一生致力于古海洋学研究，在古海洋环境再现和大洋钻探领域成果斐然。早期他主要从事海洋地质和海洋微体古生物研究，他提出的一系列定量研究的创新方法，在国内得到广泛使用，同时也推动了中国微体古生物研究朝着定量古生态方向发展。到了晚年，他积极推动我国深潜科学考察、南海大洋钻探、海底科学观测网建设等事业发展。1999 年春，以他为首席科学家的国际大洋深海科学钻探第 184 航次在中国南海成功实施，这是第一次由中国人设计和主持的大洋钻探航次，实现了中国海域大洋钻探零的突破。这个航次采集了 5 460 米的深海岩芯，取得了西太平洋海区最佳的长期沉积记录，发现了气候演变长周期等多种创新成果，使我国一举进入国际深海研究的前沿。2018 年他以 82 岁高龄毅然参加“深海勇士”号西沙载人深潜航次，9 天内连续 3 次下潜至南海 1 400 米深的海底，获得多项重要新发现，被誉为“深海勇士”。

四、海洋科学家主要采用什么方法开展研究工作

科学家想要认识海洋，并掌握它的各种过程规律并不是件容易的事。利用精密的海洋观测仪器和技术设备对海洋进行直接观测是海洋科学家研究海洋自然规律采用的最主要的方法。

这又是为什么呢？

（1）海洋运动的尺度不一、成因复杂、区域性差异很大，科学家不可能只在实验室完成对它规律的掌握。例如，想要找到影响海洋气候状态的因素，需要参考 1 万年甚至 10 万年的数据才能找到变化规律，而想要发现大洋海底盆地的形态变化，则要对比长达几百万年甚至几千万年的数据。同时，这些不同的运动现象之间存在着复杂的作用，即使是同一种运动，也可以由不同的原因而引起。另外，海洋科学还具有明显的区域性特征，即使是同一区域，海洋、水文、化学要素及生物分布也是相互各异、多层次性的①。因此，科学家必须要充分利用科学设备在自然环境下进行长时间的观察研究。

（2）海洋自然环境很恶劣，且又深又广，对科学设备的精度提出了很高的要求。在海洋表面，海水始终处于流动和波动状态，观测站或科考船对一个点上短时间的观测资料，很难说明整片海区的情况。从海面向下每增加 10 米，压力就要增加一个大气压，在万米深处，海水的压力作用可以把潜水钢球的直径压缩进几个厘米，人类很难在这样大的深处活动。另外，深水环境下能见度很低，到达水深 200 米以下的海底就彻底伸手不见五指了，单靠简单的方式方法是很难实现对海洋深层的生物活动、海底沉积和海底地壳的组成及变化的观测。

20 世纪 60 年代以来，海洋科学的发展表明，几乎所有主要的重大进展都和新的观察实验仪器、装备的建造，新的技术的发明和应用，观察实验的精度以及数据处理能力的提高有紧密关系。例如，浮标观测技术、海洋台站观测技术、航天遥感技术和计算技术的应用，促成了关于海洋环流结构、海-气相互作用和海洋表面现象等理论和数值模型的建立；高精度的温盐深探测设备和海洋声学探测技术的发展，则为海洋热盐细微结构的研究和海况监测提供了基本条件；回声测深、深海钻探、放射性同位素和古地磁的年龄测定、海底地震和地热测量等新技术的兴起和发展，对海底扩张说和板块构造说的建立做出了重要贡献。

---

① 海洋科学（基础学科）［EB/OL］. https：//baike. baidu. com/item/%E6%B5%B7%E6%B4%8B%E7%A7%91%E5%AD%A6/3172368？fr=aladdin#2.

知识拓展

精密的海洋观测仪器和技术设备到底有什么呢？下面，就以我们国家现有的海洋观测仪器为例来认识一下这些大家伙们！我国自主研发、建造了多种海洋观测设备，包括：海洋卫星、深海运载器、海洋调查船等。

1. 海洋卫星

海洋卫星可在百米、千米，甚至上千千米的遥远高空观察海洋，收集海洋信息，它也被称为海洋“千里眼”。目前，我国已形成了以海洋一号（HY-1）系列卫星、海洋二号（HY-2）系列卫星为代表的海洋水色、海洋动力环境及海洋监视监测系列卫星。

（1）海洋一号卫星（HY-1、海洋水色卫星）系列，包括 2002 年发射的 HY-1A 卫星、2007 年发射的 HY-1B 卫星、2018 年发射的 HY-1C 卫星，重点对叶绿素浓度、海表温度、悬浮泥沙含量、可溶有机物、污染物及海岸带环境进行监测，并兼顾观测海冰冰情、海流特征、海面上空大气气溶胶等。

（2）海洋二号卫星（HY-2、海洋动力环境卫星）系列，包括 2011 年发射的 HY-2A 卫星、2018 年发射的 HY-2B 卫星，以及 2018 年发射的中法海洋卫星（CFOSAT）等，它们可以监测和调查海洋动力环境，获得包括海面风场、海面高度、浪高、海流、海面温度等多种海洋动力环境参数，直接为灾害性海况预警预报提供实时遥感数据。

2. 潜水器

潜水器主要用于水下海洋调查、检查及维修海底电缆管路、海底资源勘探、水下救生与打捞、执行军事侦察、扫雷和布雷等任务，一般分为载人潜水器和无人潜水器两类。它自带推进动力和观察设备，既能在水面行驶，又能在水下独立进行工作。目前我国现役的潜水器包括载人潜水器和无人潜水器。

载人潜水器

“蛟龙”号载人潜水器——“蛟龙”号载人潜水器是我国首台自主设计、自主集成研制的作业型7 000米级深海载人潜水器，是由约100家单位联合攻关的成果。2012年6月，“蛟龙”号载人潜水器在马里亚纳海沟成功下潜最大深度7 062米，创造了作业型深海载人潜水器新世界纪录。

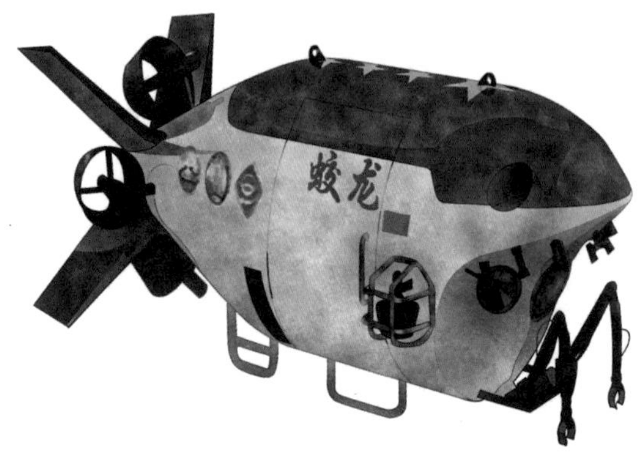

“蛟龙”号载人潜水器

“深海勇士”号载人潜水器——在“蛟龙”号载人潜水器研制与应用的基础上，“深海勇士”号载人潜水器攻克以浮力材料、深海锂电池、机械手为代表的深海核心技术及关键部件研发，为后续中国载人潜水器的谱系化建设打下了基础。2017年6月“深海勇士”号载人潜水器完成了海试和28次下潜，验证了其高效的作业效率。

“深海勇士”号载人潜水器

“奋斗者”号载人潜水器——“奋斗者”号同样由“蛟龙”号、“深海勇士”号载人潜水器的科研团队研发设计。该潜水器采用了安全稳定、动力强劲的能源系统，拥有先进的控制系统和定位系统以及耐压的载人球舱和浮力材料。2020 年 11 月 10 日 8 时 12 分，“奋斗者”号潜水器在马里亚纳海沟成功坐底，坐底深度 10 909 米，创造了中国载人深潜的新纪录。

“奋斗者”号载人潜水器

无人潜水器

“海马”号无人有缆潜水器——“海马”号潜水器为中国迄今自主研发的国产化率最高的无人有缆遥控潜水器。它于 2014 年 4 月在南海通过海上验收，最大下潜深度 4 502 米，是中国深海高技术领域继“蛟龙”号载人潜水器之后又一标志性成果。

“潜龙”系列无人无缆自主潜水器——继“潜龙一”号和“潜龙二”号分别于 2013 年和 2015 年下潜勘探试验成功后，2018 年 4 月 4 500 米级的“潜龙三”号潜水器于南海成功进行了首次综合海试，下潜深度为 3 900 米。该潜器集成热液异常探测、温盐深探测、微地形地貌、海底照相等多种深海探测系统，将主要用于多金属硫化物等深海矿产资源的勘探作业。

“海龙”系列无人有缆深海潜水器——“海龙三”号是中国自主研发

的首台 6 000 米勘查取样型无人缆控潜水器，配备虹吸式取样器、岩石切割机、沉积物保压取样器等设备，并搭载前视声呐等特种工具，具备自动避让障碍物、深海定位以及重型设备作业能力。“海龙 11000”潜水器是中国自主研发的万米级深海无人遥控潜水器，设计最大工作深度为 1.1 万米。2018 年 9 月 10 日，“海龙 11000”潜水器在西北太平洋海山区完成 6 000 米级大深度试验潜次，最大下潜深度 5 630 米，创造了当时中国无人有缆深海潜水器深潜纪录。

“海斗”号无人无缆潜水器——2016 年 6—8 月，“海斗”号无人无缆潜水器在马里亚纳海沟下潜深度突破万米，并成功获得了两条 9 000 米级（9 827 米和 9 740 米）和两条万米级（10 310 米和 10 767 米）水柱的温盐深数据，创造了中国无人无缆潜水器的最大下潜及作业深度纪录，使中国

①“海马”号无人有缆潜水器；②“潜龙二”号无人无缆自主潜水器；
③“海斗”号无人无缆潜水器；④“海龙三”号无人有缆深海潜水器

成为继日、美两国之后第 3 个拥有研制万米级无人无缆潜水器能力的国家。

3. 海洋调查船

海洋调查船是专门从事海洋调查的船只，基本任务是运载科学家到特定海域现场，运用专门的仪器设备对海洋进行现场观测、样品采集和科学研究等。

自 20 世纪 50 年代以来，我国海洋调查船的尺寸吨位从小到大，调查能力从中国沿岸浅海延伸到深海大洋、南北两极，调查内容也从单一学科调查转化为多学科、多技术、多维度综合性科学考察。2012 年 4 月，我国组建了国家海洋调查船队。截至 2019 年，船队共有 37 艘成员船，主要承担国家海洋基础性、综合性和专项调查等任务，以及国家重大研究项目、国际重大海洋科学合作项目和政府间海洋合作项目涉及的调查任务。包括："雪龙"号系列破冰科考船、"向阳红"号、"大洋"号、"科学"号、"东方红"号、"实验"号、"海洋地质"号等系列综合海洋科考船，以及"海大"号、"嘉庚"号等海洋科考船。

"科学"号调查船是我国自主设计建造的新一代科学考察船的代表，该船于 2011 年 11 月 30 日下水，船总长 99. 8 米，型宽 17. 8 米，排水量约 4 600 吨，最大航速超过 15 节。具有全球航行和全天候观测能力，总体技术水平和考察能力达到国际新建和在建综合调查船的同等水平。在其后相继建造的新"向阳红 10"号、"向阳红 1"号、"向阳红 3"号等综合调查船都是在此船的基础上创新建造的。

"海洋六号"地质调查船是我国首艘以天然气水合物调查为主，集地震、地质调查等多项调查功能于一体的调查船，排水量 4 600 吨，续航力 15 000 海里，可在国际海域无限航区开展调查。

"雪龙 2"号极地破冰科考船是我国自主建造的首艘破冰船，是全球第一艘采用船艏、船艉双向破冰技术的极地科考破冰船，于 2019 年 7 月 11 日交付使用。船总长 122. 5 米，宽 22. 3 米，排水量约 13 990 吨，航速 12~15 节，续航力 20 000 海里，能以 2~3 节航速在冰厚 1. 5 米加 0. 2 米雪中的环境连续破冰航行。该船装备了国际先进的海洋调查和观测设

“科学”号调查船

“海洋六号”地质调查船

备，实现了科考系统的高度集成和自洽，是第一艘获得中国船级社颁发智能符号的极地破冰科考船，极大地提升了我国在极地洋区开展科学考察的能力。

“雪龙 2”号极地破冰科考船

第二节　海洋经济

一、什么是海洋经济?

海洋经济是一个比较陌生的名称，其实，海洋经济就在我们身边。我们平时做饭用的海盐、到市场买的海鱼、海边旅游坐的游船等等，这些都是海洋经济活动的结果。海洋经济学家把这些活动概括起来，给出一个科学的定义，即：海洋经济是开发利用海洋的各类海洋产业及相关经济活动的总和。

海洋经济是一个拥有悠久历史的大家族，且家族结构复杂。为方便我们理解，海洋经济学家从不同的角度，将它分成不同的类型。按海洋经济发展的历史时期，可以分为远古代海洋经济、古代海洋经济、近代海洋经济、现代海洋经济；按海洋开发的技术水平和时间过程，也可以分为传统海洋经济、现代海洋经济、未来海洋经济；按海洋经济部门结构，又可以分为海洋渔业经济、海洋运输经济、海洋油气经济等；按海洋空间地理类型，还可以分为海岸带经济、海岛经济、河口三角洲经济、专属经济区经济和大洋经济。

然而，随着人类对海洋资源开发程度的逐渐加深，相应面临的环境、资源和生态问题愈演愈烈。陆地经济发展过程中的诸多教训时刻都在提醒着人类，发展海洋经济必须走可持续发展之路、必须注重对海洋生态环境和海洋资源的养护和保护。

二、海洋经济是怎样发展起来的?

早期人类逐水而居，滨海是必然的选择之一。但由于工具简陋，他们最初只是在沿海滩涂采拾海贝、虾蟹或下海捕鱼，向海洋索取一些可以直接利用的资源。在距今 4 000 多年的原始社会末期，定居在沿海地区的居民开始大规模采拾贝类作为食品，海水制盐、海上航行也相继出现。

我国古代海洋经济在世界上占有重要地位。在春秋战国时期，就已逐渐建立了以“鱼盐之利、舟楫之便”为核心的海洋经济。夏朝中期，近海航行和捕捞已比较频繁。商朝的海洋捕捞技术有了较大的发展，并且规模进一步扩大。西周时期山东和浙江沿海居民就开始航海活动。从战国末期至明朝中期，我国航海业和航海技术就一直处于世界领先水平。隋唐五代时期，中国的造船技术和地图绘制技术就广泛应用在航海中。著名的“海上丝绸之路”遍及东南亚、南亚、阿拉伯湾与波斯湾沿岸，甚至伸展至红海与东非海岸，形成了直接沟通亚非两大洲的长达万余海里的远洋航线。唐代的中后期还专设了管理海外航运贸易的机构，胶州、广州等地成为名噪中外的贸易港口。到 15 世纪，我国航海事业达到了当时世界航海事业的顶峰，郑和下西洋就是这一时期的历史壮举，极大地促进了海上交通和通商贸易的发展。

古代世界其他各国的海洋经济也在不断发展。公元 8 世纪，欧洲的腓尼基人及希腊人，把贸易和战争的范围扩大到地中海和地中海之外的地区。15 世纪，欧洲沿海各国涌现出一批伟大的航海家。1488 年，葡萄牙人巴尔托洛梅乌·缪·迪亚士（Bartholmeu Dias）首次航行到好望角。10 年后，瓦斯科·达·伽马（Vasco da Gama）发现了通过印度洋的航路。16—18 世纪期间，费尔南多·麦哲伦（Fernão de Magalhães）和詹姆斯·库克（James Cook）等人进行了环球航行，极大地促进了航海技术的发展，也直接或间接地促进了海洋经济的发展。

在 18 世纪下半叶，西方工业革命促进了近代工业技术的发展，大规模的全球海洋调查和探险活动陆续展开，这标志着近代海洋经济的开始。1872 年，英国深海调查船“挑战者”号开始环球海洋考察，在它之后，德国、法国、意大利等国家也相继进行了多领域的海洋综合考察、调查和探险。进入 20 世纪，电子技术得到长足发展，与海洋调查和开发关系密切的深潜技术、造船技术、仪器设备技术和导航定位技术，以及航海保障技术等陆续研发并被运用到海洋调查、勘探、海上生产作业等工作上来，带动了海洋开发利用的大发展。例如，在 19 世纪末，人们已经开始对近海海底石油与天然气进行勘探和开发。20 世纪前半叶，由于科技水平的制约，人类对海洋的开发利用总体上还没有发生实质性的转变，仍主要从事鱼盐之利和交通之便。不过，随着人类对海洋知识和开发活动的不断深入，已对海洋渔业、海上运输、海洋制盐等传统海洋经济活动产生了冲击，海洋经济正处于一个变革的过程中。

我国近代海洋经济发展过程艰难而曲折。明清时期海禁政策时断时续，严重阻碍了我国商品经济的发展和对外文化交流，使我国近代海洋经济的发展举步维艰。最具代表性的当属 1757 年，乾隆宣布撤销宁波、泉州、松汇 3 个海关的对外贸易，只留下广州海关允许西方人贸易。并对丝绸、茶叶等传统商品的出口量严加限制，对中国商船的出洋贸易，也规定了许多禁令，这就是通常所说的闭关政策。1840 年英国用炮轰开了国门，随着一系列对外战争的失败和不平等条约的签订，清王朝的闭关政策彻底破产。辛亥革命后，中央政府设立了渔业管理机构，颁布的《公海渔业奖励条例》等渔业法规促进了渔业的发展。由于实施了较积极的政策和措施，我国的渔业出现了短暂的兴旺期。1936 年的海洋水产品产量约 100 万吨，是中华人民共和国成立前的最高纪录。我国在 19 世纪中后期出现了海洋运输业。1865 年，李鸿章等人在上海创办了江南制造局，并于 1868 年 8 月造出我国第一艘海轮“恬吉”号。据 1916 年统计，那时我国各轮船公司共有海轮 135 艘，总吨位 6 743 吨。抗日战争时期，沿海地区全部沦陷，海洋运输业几近夭折，使我国近代的海洋经济遭遇了空前的劫难。

20 世纪 60 年代，海洋科学已经获得突破性发展，人类对海洋的认知水平得到极大提高，加上一系列先进的技术手段和工具在海洋开发中的广泛应用，促使人类完成了对传统海洋经济的突破，以海洋油气开发利用为标志的现代海洋经济构架得以建立。从 20 世纪 70 年代起，海洋经济突飞猛进，世界海洋产业总产值每 10 年左右翻一番。世界各主要沿海国家充分认识到发展海洋经济的战略意义，纷纷将海洋经济作为国民经济的重要发展方向。

中华人民共和国成立后，我国海洋经济得以恢复和快速发展。特别是自 20 世纪 70 年代末改革开放以来，我国重视对海洋资源的开发利用，海洋经济持续增长。90 年代以来，海洋经济以两位数的年增长率快速发展。

1989 年的海洋经济总产值比 1979 年增长了 5 倍，2000 年比 1989 年增长了近 10 倍。2019 年的海洋总产值超过 8.9 万亿元。主要表现为：活动范围多方向扩展，经济总量迅速增加，增长速度快于全国国民经济增长以及一直处于领跑地位的沿海发达地区经济的增长，海洋产业迅速快于行业整体产业的发展。海洋经济已成为我国国民经济发展的重要组成部分和积极的推动力量。

三、人类在海洋经济不同领域中都从事哪些活动？

根据不同的划分原则，海洋经济可以归纳划分为多个领域，下面我们就以经济部门结构分类为例，更直观地向大家展示人类在部分海洋经济领域内都开展了哪些活动。

1. 海洋渔业

海洋渔业，也叫海洋水产业，是开发和利用海洋中栖息的鱼、虾、贝、藻和一切具有经济价值的海洋动植物资源的生产事业。

海洋渔业包括海洋捕捞业、海水增养殖业、水产品加工业及休闲渔业。海洋捕捞业是利用渔船、渔网等工具从海洋中直接获取海洋动植物（如：鱼、虾、贝、藻等）的产业，同远古时期人类在陆地上进行的采集、狩猎活动有相似之处。海水增养殖业是人类在合适的海区内，通过改善海洋环境，促进海域内原有的海洋动植物生长繁殖，达到增加产量的目的；或者完全由人工在池塘内模拟自然海域条件，并通过人工管理，来大量繁殖、饲养海洋动植物的产业。水产品加工业是为延长海洋动植物的保存时间或提高使用价值，采用科学方法处理的过程，如：将海藻做成美味的海苔、把新鲜的鱼烤成鱼干或灌装成罐头等。休闲渔业是集渔业、休闲、观赏、娱乐为一体的产业，主要是为了满足人们物质生活需求而对传统渔业进行的延伸，如：浙江舟山的海钓休闲旅游、天津的贝类堤自然保护区旅游、各地的渔业博览会等。

知识拓展

你知道远洋捕捞所用的设备有哪些特点吗？

远洋捕捞是指在水深200米以外的大洋区进行捕捞的活动。一般具有距离远和不易保鲜等特点。因此，对设备的要求较高，一般由机械化、自动化程度较高，助渔、导航仪器设备先进、完善，续航能力较长的大型加工母船（具有冷冻、冷藏、水产品加工、综合利用等设备）和若干捕捞子船、加油船、运输船组成。远洋捕捞的主要渔具有拖网、围网、流网、延绳钓、标枪等。远洋捕捞的鱼种和近海捕捞的不同，主要以捕捞鳕、鲱、鲭、鲽等鱼类为主。

远洋捕捞船

2. 海洋交通运输业

海洋运输也可简单称作“海运”，是使用船舶通过海上航道在不同国家和地区的港口之间运送货物和旅客的一种运输方式。海洋运输是国际物流中最主要的运输方式，占国际贸易总运量中的三分之二以上，我国进出口货运总量的约90%都是利用海洋运输。海洋运输对世界的改变是巨大的。

海洋运输和陆上运输一样，也需要在规定的航线上行走。目前世界大洋的航线密如蛛网，主要的国际航线有十多条。我国主要的海运航线有港澳线——到香港、澳门地区；新马线——到新加坡、马来西亚的巴生港、槟城和马六甲地区；澳大利亚新西兰线——到澳大利亚的悉尼、墨尔本、布里斯班和新西兰的奥克兰、惠灵顿等地区。国际航线又包括太平洋航线、西北欧航线、印度洋航线等①。海洋运输业的发展能够带动和促进各个领域的流通发展，从而带动整个经济的发展。

知识拓展

邮轮和游轮有什么区别？邮轮在国外已经有100多年的历史，众所周知的“泰坦尼克”号就属于这种邮轮。在航空业不发达的时期，洲际的邮递服务只能依靠邮务轮船将信件和包裹由此岸送到彼岸，虽然也运送移民，但主要功能还是以“邮”字为主。但随着航空业日趋成熟，现代邮轮通常以长距离的海上休闲、娱乐为主要功能。游轮则是指航行在水上以观光为主要目的的旅游客轮（现在多指内河航线）。

如果是跨洋航行的船，一般就称作邮轮，比如，皇家加勒比邮轮，地中海邮轮。如果是短航线或者内河航线的，现在一般也称作游轮，比如维京内河游轮。

3. 海洋化工业

海水为什么会是咸的呢？这是因为海水中溶解有大量的以盐类为主的化学物质，而海洋化工业就是指以这些化学物质作为原料通过工业生产进行提取、分离并纯化，然后形成产品的一门产业。海洋化工业还可以细分为海盐化工、海水化工、海藻化工等细分行业。如第四章第三节所述，这些行业生产的产品与我们的生活息息相关。海水中的“盐”是制造烧碱、纯碱、盐酸、肥皂、染料、塑料等不可缺少的原料；“镁”是制造飞机、船舶、汽车、枪支武器的主要原料②。海藻中提取的褐藻胶在食品工业中用作稳定剂、增稠剂、果酱等的凝冻成形剂；在医药卫生中用作乳化剂、药片崩解剂和止血纱布等的原料。

海洋化工业的发展主要依赖于资源储量，以我们国家为例，主要的大

---

① 全球海运主要航线概况、费用组成、标准图示汇总［EB/OL］. https：//www. sohu. com/a/239610273_99920745.

② 胡领太，童立勤，王雪凤，海洋科教，广州：中山大学出版社，2012年。

型海洋化工企业大多集中在渤海湾周围。20 世纪 90 年代初期，潍坊、唐山、连云港建成三大碱厂，成为我国纯碱工业发展的一个重要标志。鲁北地区，依托卤水（盐类含量大于 5%的液态矿产）开发，形成了规模庞大的海洋化工产业集群，其中原盐生产规模占全国的三分之一，是国内最大的海盐生产基地；纯碱年生产能力超过了 430 万吨，占全国总产量的四分之一，是世界上最大的合成碱生产基地；溴素年生产能力达到 16 万吨，占全国总产量的 90%。

知识拓展

海水中的盐就是我们生活中吃的盐吗？不是哦！海水中的盐主要有氯化钠和一些矿物质以及其他一些元素杂质等，需要过滤处理才能食用。我们生活中吃的盐的主要成分是氯化钠，主要来自海盐和井盐，还有一些露天矿盐和湖盐。另外，为了防止碘缺乏症，我们的食盐中还添加了碘化钾等物质。

4. 海洋油气业

海洋油气经济是指在海洋中勘探、开采、输送、加工石油和天然气的生产活动。石油和天然气与我们生活的各个方面都有着千丝万缕的联系，如：我们汽车用的汽油、做饭用的燃气、种庄稼用的化肥、常用的各种塑料等都以石油或天然气为原料。据美国《油气杂志》2019 年发布的油气储量报告显示，全球海洋油气资源量十分丰富，海洋石油总资源量约 1 350

大型海洋石油钻采平台

亿吨，海洋天然气总资源量约 140 万亿立方米，其中，我国近海石油资源量约 240 亿吨，天然气资源量约 13 万亿立方米①。

我们获得并应用石油和天然气的过程是十分复杂的，需要无数的科学家、工程师和技术人员付出辛勤的劳动。比如海洋油气勘探，各国的普查大多从地质调查研究入手，主要通过地震、重力和磁力调查法寻找油气构造。在普查的基础上，运用“地球物理勘探”分析了解海底地下岩层分布、地质构造类型、油气圈闭情况，从而确定勘探井井位。然后，采用“钻井勘探法”取得地质资料，进行分析评价，确定该地质构造是否含油、含油量及开采价值。有业内人士戏称，这就是给海底做“CT”，获得海底地质构造的“CT 图”，就能按图索骥，找到海底油气田了②。

5. *海洋旅游业*

海洋旅游经济是以海洋为旅游场所，以探险、观光、娱乐、运动、疗养为目的的一种活动。如我们都熟悉的三亚亚龙湾国家旅游度假区、蓬莱阁旅游区、大连圣亚海洋世界等都属于海洋旅游经济。

海洋旅游业的发展历史悠久，近年来发展速度加快。19 世纪后半叶，西欧等一些工业革命发源地国开始在滨海地区为中产阶级修建度假地，同时专门服务于上流社会的豪华邮轮也得到迅速发展。随着旅游交通技术和娱乐技术的进步，现代海洋旅游业已经成为包括滨海旅游基础设施（旅游港口、交通）、旅游服务（接待、餐饮、商住）以及各种休闲和娱乐活动（不同形式的潜泳、游泳、冲浪、垂钓和游船旅游活动）的体系。自 20 世纪 80 年代开始，我国沿海城市纷纷利用海洋自然旅游资源，开发滨海旅游项目，发展海洋旅游产业。20 世纪 90 年代以来，基于阳光、沙滩、海洋的大众旅游迅速兴起。同时，海岛旅游、潜水旅游的开发也备受关注。

---

① 全球还有多少石油可开采？2019 最新权威数据出炉了［EB/OL］. https：//www. zhitongcaijing. com/content/detail/264550. html.

② 如何勘探、采集位于海洋中的油田？［EB/OL］. https：//www. zhihu. com/question/19909251.

知识拓展

海底有酒店吗？如果你的旅行口味更加偏爱海洋，不妨来了解一下这两家深不可测的海底酒店。

康莱德度假酒店隐藏在风景秀丽的马尔代夫伦格里岛上①。它位于海面之下约 5 米，为你提供全角度海洋环境景观。你可以尽情享受印度洋的美丽，在这里，鲨鱼、海龟等水下生物会陪你一起共进晚餐。有意思的是，也许是考虑到鱼类的感受，餐厅不提供鱼类食物。

作为全世界最豪华的酒店之一，亚特兰蒂斯度假酒店内“海王星与波塞冬”水下套房，是迪拜棕榈岛独具特色的一处亮点。其卧室和浴室落地窗设计使你能够直望令人神往的水下海底世界，享受被庞大水族馆里约 65 000只海洋动物围绕在身边的惬意。

亚特兰蒂斯度假酒店内“海王星与波塞冬”水下套房

四、海洋经济的未来之路

在未来的几十年间，地球将面临诸多挑战，海洋及其资源的重要性将

① 不可能存在的存在：全球十家海底酒店［EB/OL］. https：//zhuanlan. zhihu. com/p/20154879.

日益凸显。到21世纪中叶，世界人口预计将达到90亿~100亿，需要有充足的食物、能源、原材料来满足人类的需求。海洋在满足这些需求方面有着巨大的潜力。然而，在过去的几个世纪，由于人类开展各类经济活动使海洋承受了巨大的压力，包括大家都知道的——过度开发海洋资源、海洋环境污染、海洋生物多样性下降和气候变化等。面对这些矛盾，坚持合理有序地开发利用海洋资源，使海洋经济走可持续发展的道路才是我们人类的最优选择。

那么，什么是可持续发展？实际上它是20世纪末才提出的一种全新的发展模式。主要是指通过利用法律和政策手段，依靠科技创新和进步，科学合理地开发和利用海洋资源，提高海洋产业的经济效益和生态效益，确保与海洋相关的社会、经济、资源、环境的协调发展，确保当代人收益，也要给后人留下一个良好的海洋资源生态环境。

为了促进经济的可持续发展，过去30年，在全球范围内成立了多个国际机构，长期致力于海洋监管制度的革新，确保国家层面、区域性乃至全球性的海洋监管制度可以紧跟世界格局的变化。这些国际机构包括：国际海事组织、联合国粮食及农业组织、国际劳工组织、国际海底管理局、生物多样性和生态系统服务政府间科学政策平台、世界自然保护联盟、海洋生物普查组织等。如果感兴趣的话，可以查询这些机构的网站，了解他们的具体工作。同时，这些机构组织多国联合在海洋环境和生物多样性、海洋污染、海上安全等方面签订了多项公约，用以规范和管理海洋经济活动。如：由联合国环境规划署发起的《生物多样性公约》，旨在保护濒临灭绝的植物和动物，最大限度地保护地球上的多种多样的生物资源，以造福于当代和子孙后代；国际海事组织海洋环境保护委员会通过了《极地规则》，强制规定禁止任何船舶向海洋排放石油、油性混合物和有毒液体等，并对船舶的燃油和货舱油罐位置做了强制性规定。即便如此，截至目前，仍然存在许多全球性的海洋监管制度缺口和薄弱环节，会对部分海洋产业和活动（海洋渔业、深海采矿业、海洋电缆铺设及海洋生物勘探等领域）的运行与海洋资源保护产生影响。

所以，实现海洋经济可持续发展的路还很长，是我们全人类共同的任务，需要我们构建海洋命运共同体。这里引用习近平总书记的重要论述——“我们要像对待生命一样关爱海洋，高度重视海洋生态文明建设，持续加强海洋环境污染防治，保护海洋生物多样性，实现海洋资源有序开发利用，为子孙后代留下一片碧海蓝天。”

第六章 海洋探险与蓝色圈地

“谁控制海洋，谁就能控制世界”。纵观近代以来人类社会的发展历史，大国崛起与海洋权益密切相关。“大航海时代”以来500余年间，世界海洋霸权已几经更替，形式不断演变，但争夺从未停止。新一轮蓝色圈地运动在21世纪愈演愈烈，数量巨大的传统公共海域已被划入强国海洋国土，越来越多的公共海底资源进入发达国家的开发视野。

第一节 “大航海时代”与“地理大发现”

在人类社会漫长发展史的绝大多数时间，海洋是文明间的隔离和障碍，这一局面直到“大航海时代”才得以打破。根据国际主流历史观点，“大航海时代”自15世纪早期开始，一直持续到17世纪。“大航海时代”之后，欧洲各国纷纷组织开展航海探险，到19世纪末，地球上几乎所有的海湾、海岛、海峡都已发现完毕。“大航海时代”开启的系列前所未有的海洋探险发现，改变了人类社会发展的进程。建立了通往东方的海上贸易通道，发现了新大陆，建立了殖民地，催生了海洋大国崛起。将海洋从曾经的文明隔离和障碍，变为连接世界不同文明圈的桥梁，催生了后来的国际化、全球化、地球村等发展趋势。马克思和恩格斯在《共产党宣言》中肯定了大航海对世界历史的重大推动作用。此外，我国在宋代海洋贸易就具有一定基础，明朝郑和下西洋也被历史学家认为是“大航海时代”的先驱。

一、新航路的开辟

（一）从欧洲绕过非洲南端到达东方的新航路

13—14 世纪，欧洲开始出现了繁荣的商品经济，新型民族国家对贸易的愿望超越了以前任何时期。13 世纪末，奥斯曼帝国开始崛起。1453 年，奥斯曼帝国攻陷君士坦丁堡，将横亘千年的东罗马帝国（也称拜占庭帝国）灭亡。至此，奥斯曼帝国控制了东地中海地区东西方原有陆上贸易通道，对黄金、香料、丝绸等贸易收取高额关税。寻找通往东方的新贸易通道，成为欧洲新兴资本主义发展的迫切需要。

巴托洛缪·迪亚士是哥伦布之前世界最著名的航海探险家，他出生于葡萄牙一个航海世家，他的父亲曾随探险船队到达佛得角。1487 年 8 月，迪亚士率领船队从里斯本出发，沿大西洋一路向南行驶。在到达南纬 22 度后，他们进入先前探险队从未到达过的海域。在南纬 33 度附近，船队遭遇大风暴，被吹入莫塞尔湾。当风暴过后，想要靠岸补给淡水等物资的时候，他们才发现船队已经绕过了非洲大陆最南端。迪亚士很想继续前进，但船员们强烈要求返航，船上的生活物资也所剩无几，只能决定返航。在返航途中，他们再次经过了遭遇风暴的地方，迪亚士将其命名为“风暴角”。1488 年 12 月，当他们返回里斯本，将情况报告给葡萄牙国王后，国王将这个通往东方的海角改名为“好望角”。迪亚士成为从欧洲到好望角航线的开辟者，为打通到达印度的航线奠定了坚实的基础。

瓦斯科·达·伽马同样出生于葡萄牙一个航海世家，是一名葡萄牙贵族。1497 年 7 月，达·伽马率船队从里斯本出发，寻找从欧洲到印度的航路。经加那利群岛，绕好望角，经莫桑比克等地，于 1498 年 5 月到达印度西南部的卡利卡特。同年秋离开印度，于 1499 年 9 月回到里斯本。达·伽马在 1502—1503 年和 1524 年又两次到印度，后一次被任命为印度总督。达·伽马开辟了从好望角到印度的路线，贯通了从欧洲到印度的新航路，为东西方贸易交流做出了巨大贡献，也成为欧洲国家在东方进行殖民扩张的开端。

在苏伊士运河开通之前，好望角航线一直是东西方贸易的主要海上通道。今天，超过 30 万吨的船舶依然无法通过苏伊士运河，需要绕行好望角航线。

好望角发现者巴托洛缪・迪亚士（1450—1500 年）

从欧洲绕好望角到印度航线的开拓者瓦斯科・达・伽马（1469—1524 年）

（二）环球航行

费迪南德・麦哲伦出生于葡萄牙一个落魄骑士家庭，曾担任过皇家侍从，参加过葡萄牙在东方的航海殖民活动。1515 年，他建议葡萄牙国王开辟西航航线，但遭到拒绝，并被解除了在葡萄牙海军的职务。1519 年 9 月，在迪亚士首次远航 32 年之后，麦哲伦说服西班牙国王查理五世，率 5 艘船组成的探险队开始环球航行。1520 年 10 月，在南美洲海岸发现了通往太平洋的海峡，并于 11 月底进入太平洋。后来这条海峡被称为麦哲伦海峡。1521 年，麦哲伦船队横渡太平洋，于 3 月 8 日到达菲律宾。当时，麦哲伦想占领菲律宾的宿务岛作为西班牙殖民地，遭到当地土著激烈反抗。麦哲伦被土著酋长砍倒，不幸客死他乡。麦哲伦死后，船队剩余人员继续航行，1521 年 12 月，旗舰“特立尼达”号损坏，船队只剩“维多利亚”号远洋帆船，载满香料，继续航行。1522 年 9 月，“维多利亚”号返回西班牙，完成人类首次环球航行。此次航行也开辟了从欧洲经过大西洋、穿越麦哲伦海峡、横渡太平洋到达东方的新航线。

环球航行第一人：费迪南德·麦哲伦（1480—1521 年）

（三）北冰洋航道的开辟

达·伽马和麦哲伦开辟的新航路极大地促进了东西方贸易的发展，给欧洲新兴资产阶级带来了巨大的利益。但是这两条航路的航道分别需要绕过非洲和美洲大陆最南端，明显走了两个大弯道。因此，寻找一条从欧洲通往亚洲更近一些的航道充满了诱惑力。当时的许多地理学家也大胆预言，很可能存在着经北美大陆北岸到亚洲的“西北航道”和经欧亚大陆北岸到亚洲的“东北航道”。受当时的技术条件和长期冰封的气候环境限制，从16世纪中叶一直到19世纪下半叶，一代又一代航海探险家接续努力，仍无法打通北冰洋航道。

阿道夫·埃里克·诺登舍尔德出生于沙皇俄国统治下的芬兰首都赫尔辛基，后来定居瑞典斯德哥尔摩，担任过瑞典国家博物馆馆长和矿物学教授。1878年7月，他率领“维加”号和“莉娜”号两艘轮船从瑞典哥德堡出发，经过巴伦支海，从俄罗斯北岸穿越白令海峡，最后到达太平洋，一年后到达横滨。1879年9月，他率领的“维加”号第一次通过大西洋和太平洋的东北部，完成了环绕欧亚大陆的历史性航行，成为北冰洋东北航道的开拓者。后来，各国以他的名字诺登舍尔德命名了诺登舍尔德群岛、诺登舍尔德海湾、诺登舍尔德河等一批地理名称，纪念他的伟大成就。

北冰洋东北航道开拓者：阿道夫·埃里克·诺登舍尔德（1832—1901年）

罗阿尔德·阿蒙森，挪威极地探险家，也是第一个到达南极点的人。1903年6月，阿蒙森率队乘坐“格约亚”号从奥斯陆峡湾出发，远航寻找西北航道。整队人马在深入北极圈的威廉王岛上安营扎寨，度过了两个冬季，并在马更些王岛上又度过了一个冬季。他们于1906年9月完成了到达太平洋的航行。这时，西北航道才真正被打开。阿蒙森的探险队在航行过程中还收集到了宝贵的科学数据，其中最重要的是有关地磁和北磁极准确位置的观测。

二、美洲大陆的发现

（一）哥伦布发现新大陆

美洲坐落在西半球，位于太平洋和大西洋之间，北濒北冰洋，南端与南极大陆隔海相望。据报道，人类在大约 18 000 年前，就经过白令海峡到达美洲。在欧洲人大航海和地理大发现之前，美洲土著人就已经发展了以玛雅、印加、阿斯特克为代表的特色文明。但这些文明与同时代欧亚大陆的文明之间，没有明确的交流证据。直到大航海时代，以哥伦布为代表的一批航海探险家从欧洲人的角度重新发现了美洲大陆，进行了殖民征服。

克里斯托弗·哥伦布（约 1451—1506 年）

克里斯托弗·哥伦布是人类历史上出色的航海家之一。约 1451 年，他出生于意大利热那亚一个纺织工人家庭。他是地圆说的信奉者，相信从大西洋一直向西航行就可以到达东方。为了实现向西航行到达印度的计划，他曾先后向葡萄牙、西班牙、英国等国王请求资助，屡遭失败。最终哥伦布说服了西班牙女王伊莎贝拉一世，她为了资助哥伦布的西航计划，甚至变卖了自己的首饰。

1492 年 8 月，哥伦布率王室资助的船队从西班牙巴罗斯港出发，向正西航行。船队在加那利群岛补给后，沿着西稍偏南一点的方向驶入茫茫大西洋。历时两个月，到达巴哈马群岛的圣萨尔瓦多岛。他认为他们到达的是印度，就把当地的土著居民称为 Indians，也就是美洲印第安人叫法的由来。哥伦布签署文件，在岛上竖起西班牙王室的旗帜，宣布该地区为西班牙海外领土。随后，哥伦布又往南到达古巴岛，并在古巴岛发现了烟草，以及土豆、玉米等高产作物。1493 年 3 月，哥伦布返回西班牙。此后，哥伦布于 1493—1504 年间，又进行了 3 次远航，在发现巴哈马、古巴之后，又发现了海地、多米尼加、特立尼达等岛屿，并在帕利亚湾首次登上美洲大陆。

1492 年 10 月 12 日哥伦布首次在巴哈马群岛登陆

（二）亚美利哥考察新大陆

亚美利哥·维斯普奇出生于意大利，是一名银行家、航海家和探险家。他是哥伦布晚年的好朋友，美洲大陆是以他的名字命名的。1499 年，亚美利哥随航海队抵达南美洲。对风土人情进行仔细考察后，他提出这块新陆地不是亚洲，而是一块前人从不知道的新大陆。并且断言，这块新大陆和亚洲之间，应该还存在另一个大洋。德国地理学家马丁·瓦尔德塞弥勒根据亚美利哥的“新大陆”和“第四次航行”两封信，在

《世界地理概论》中，将这块大陆标为“Americus”，是亚美利哥名字的拉丁文写法。

意大利探险家亚美利哥·维斯普奇（1454—1512 年）

（三）卡波特发现纽芬兰

纽芬兰渔场，位于纽芬兰岛沿岸，曾是世界四大渔场之一，由拉布拉多寒流和墨西哥湾暖流在纽芬兰岛附近海域交汇而形成。

约翰·卡波特出生于意大利热那亚，是一名商人、航海家，热衷于航海探险事业。1507 年 5 月，卡波特受英格兰国王委派，率领探险船队从英国布里斯托尔出发，经过冰岛、格陵兰岛，到达一块新发现的陆地。他率领船队沿着这块陆地，考察了海岸线。这一航行实际是从海上对加拿大东海岸线的重新发现。在考察中，卡波特惊奇地发现，这片海域鳕鱼多得让人吃惊。他这样描述当时见到的情景：“这里的鳕鱼多得不需用渔网，只要在篮子里放块石头沉到水中再提上来，篮子里就装满了鱼。”随着这一渔业宝库的发现，大量葡萄牙人、法国人和英国人纷纷来到纽芬兰浅滩捕鱼，纽芬兰渔场缔造了鳕鱼捕捞史上的一个又一个奇迹。1583 年，英国宣布纽芬兰成为其第一块海外殖民地。

卡波特发现纽芬兰

1937 年纽芬兰发行的鳕鱼邮票

（四）卡布拉尔发现巴西

佩德罗·阿尔瓦雷斯·卡布拉尔是葡萄牙航海家和探险家，出生于里斯本，被认为是最早发现巴西的欧洲人。达·伽马从印度返回葡萄牙之后，举国振奋，国王立即酝酿组织更大的远征船队，武力征服印度，垄断香料贸易。1500 年 3 月，一支由 13 艘船、1 300 人组成的庞大舰队从里斯本启航，前往印度。卡布拉尔就是这支舰队的司令，发现好望角的功勋航海家迪亚士担任其中一艘船的船长。

船队在非洲西南部热带海域航行时，采用了先向西南航行的策略，但在通过佛得角群岛后，遇到强烈风暴，又被赤道洋流推到较远的海域。4 月，船员发现了西侧的陆地。卡布拉尔登陆后，在岸边竖起刻有葡萄牙王

卡布拉尔在巴西登陆

卡布拉尔登陆60年后，葡萄牙建立的第一个军事要塞，已成为里约建城标志

室徽章的十字架，宣布该地区为葡萄牙国王所有，1500年4月22日成为正式发现巴西的日期。巴西的发现，为葡萄牙后来殖民南美洲，建立巴西帝国等奠定了现实基础。非常遗憾的是此次航行中迪亚士指挥的船在风暴中倾覆，迪亚士与其船员一起不幸葬身大海。迪亚士的弟弟，则指挥另一艘船，发现了马达加斯加。

三、澳洲大陆及太平洋群岛

（一）塔斯曼的早期探险发现

“澳大利亚”这一名称来源于西班牙语，意思是“南方的大陆”。早在

5 万多年前，这片土地上就有人类活动。据考证，从 1512 年起，葡萄牙、西班牙等探险家曾先后经过或到达新几内亚岛、所罗门群岛附近水域。

亚伯·塔斯曼出生于荷兰格罗宁根，是世界最伟大的航海家之一。1642 年，塔斯曼受东印度公司贸易站总督之命，去寻找“失落的南方大陆”。此次探险满载收获，发现了塔斯马尼亚岛、新西兰南岛、汤加，在返航途中发现了斐济群岛。1644 年，塔斯曼再次远航，顺着新几内亚湾南部，越过托雷斯海峡，勘查了澳大利亚北部海岸，并绘制海图。塔斯曼两次远航中靠岸时大多受到当地土著人的敌视，他在描述里说那些地方“海岸是一片不毛之地，当地人又坏又恶……”。塔斯曼航行到了许多地方，但是没能开辟出新的贸易航线。

亚伯·塔斯曼（1603—1659 年）

（二）库克船长发现澳洲大陆东南海岸

英国航海家詹姆斯·库克生于约克郡，他曾三度出海，前往太平洋地区，为新西兰与夏威夷之间的太平洋岛屿绘制大量地图，被称为“库克船长”。

1768 年，“库克船长”率领“奋进”号从英格兰普利茅斯出发，穿越大西洋，经过南美洲南端合恩角进入太平洋，1769 年抵达大洋洲的塔希提岛，并在 6 月 3 日观测“金星凌日”。观测结束后，“库克船长”根据英国海军部发出的密函，在南大洋寻找“未知的南方大陆”。1769 年 10 月，“库克船长”抵达新西兰，绘制了新西兰全域的海岸线地图。1770 年 4 月，“库克船

英国航海家詹姆斯·库克（1728—1779 年）

库克船长开拓殖民地

长”在澳洲大陆东南海岸登陆，并将该地区命名为“新南威尔士”。随后，“库克船长”以英王乔治三世之名宣布新南威尔士为英国领土。1788 年 1 月 26 日，英国第一批囚犯和居民抵达悉尼，2 月 7 日，第一舰队指挥官亚瑟·菲利普船长宣布成立新南威尔士殖民政府并担任首任总督。1901 年 1 月 1 日，新南威尔士同其他 5 个殖民区一起组成澳大利亚联邦。

四、南极洲大陆的发现

（一）别林斯高晋发现南极大陆

古代欧洲地理学家对南方大陆的存在进行了充分假想，但在漫长的历史时期，没有人涉足这块冰冷的大陆。1773—1774 年，“库克船长”曾两次进入南极圈，试图发现新的南方大陆，但因冰层障碍等原因，他仅航行至距南极海岸 120 千米处。

法比安·戈特利布·冯·别林斯高晋是俄国海军上将和航海探险家。他出生于爱沙尼亚，祖上是日耳曼贵族。1819—1821 年，别林斯高晋率领由“东方”号与“和平”号组成的俄罗斯探险队 6 次穿过南极圈，最南到达南纬 69 度 25 分。船队先后发现了紧靠着南极大陆的两个小岛，用沙皇的名字命名为“彼得一世岛”和“亚历山大一世岛”。别林斯高晋成为首次环绕南极大陆航行的航海家和南极大陆的发现者之一。

俄国海军上将、航海探险家别林斯高晋

（1779—1852 年）

（二）布兰斯菲尔德发现南极半岛

爱德华·布兰斯菲尔德是英国航海探险家和海军指挥官，出生于爱尔兰。1919 年 12 月，布兰斯菲尔德受英国海军部委托，率“威廉姆斯”号商船从南美洲瓦尔帕莱索出发，向南航行约 3 200 千米。1820 年 1 月 20 日，布兰斯菲尔德目睹了“两座高山，被雪覆盖”，精心绘制并记录了他所观察到的山脉和山脊。他发现的地方就是现在的南极半岛。

(三) 帕尔默首次登上南极大陆

纳撒尼尔·布朗·帕尔默，美国航海探险家，出生于康涅狄格州，宣称是第一个登上南极大陆的人。1818 年，帕尔默率领纵帆船“加林娜”号，对合恩角地区和南极西部进行了勘探。1820 年，他报告了他和 4 名船员在南极洲海岸的一次登陆。在后来的南极探险中，他陆续又发现了杰拉什海峡和奥尔良海峡等。

第二节 海洋大国与蓝色圈地

一、世界海洋大国的变迁

(一) 葡萄牙和西班牙

伊比利亚半岛上的葡萄牙是欧洲第一个独立的民族国家，是最早有组织、有计划进行大航海的国家。在出色的航海能力支持下，葡萄牙在西非和印度等地取得巨大成功，不断扩张殖民势力。15 世纪中期，葡萄牙曾获得教皇颁布的海上霸主地位，到 16 世纪中期，建立了一个从西非到远东的庞大海洋霸权帝国。其中，1553 年开始就有葡萄牙人在我国澳门居住。

葡萄牙在海上的探索，给紧邻的西班牙带来强烈紧迫感。在哥伦布发现新大陆之后，他们立即对美洲进行了野蛮的殖民扩张，迅速发展为能与葡萄牙抗衡的海洋殖民帝国，不断挑战葡萄牙的海洋霸权。1478 年、1493 年和 1524 年前后，经教皇三次调解，西、葡两国先后签订《奥尔卡瓦索思条约》《托尔德西拉斯条约》《萨拉戈萨新约》。通过几次划分，西班牙几乎独占了中南美洲，葡萄牙控制了包括非洲、亚洲和南美洲的巴西在内的广大地区。这样，葡萄牙和西班牙将世界海洋瓜分完毕，形成并立的霸权格局。

(二) 荷兰

荷兰原是西班牙的属地。15—16 世纪时期，荷兰的造船业居世界首位，技术全球领先，船只的造价比英国低三分之一到二分之一，欧洲许多国家都从荷兰订购船只。16 世纪末，荷兰从西班牙独立，资本主义工商业在 17 世纪获得迅速发展。到 17 世纪中叶，荷兰除造船业外，渔业、海运业等也领先于其他国家。当时，荷兰已拥有世界最庞大的商船队，数量超过16 000艘。荷兰船舶在世界各大洋游弋，建立了世界海洋贸易霸权，荷兰人获得了巨额利润，被称为“海上马车夫”。

随着资本主义的发展，荷兰对葡萄牙和西班牙所属海洋霸权地区进行了一系列的海洋战争。到 17 世纪中期，荷兰控制了包括爪哇、摩鹿加群岛、苏门答腊、锡兰等地在内的广大地区，成为最强大的殖民帝国。海洋的 17 世纪，是属于荷兰的世纪。17 世纪，荷兰组织东印度公司、西印度公司，积极拓展远东和北美事务。1624—1662 年期间曾占据我国台湾，后被郑成功率军驱逐。

民间艺术作品：郑成功收复台湾

（三）英国

英国是一个典型的海洋国家，英国本土位于欧洲大陆西北面的不列颠群岛，被北海、英吉利海峡、凯尔特海、爱尔兰海和大西洋包围。

尽管在大航海时代，英国在海洋探险方面相对比较迟钝。但从亨利七世开始，大多数英国国王均高度重视海军力量建设。到克伦威尔时期，英国海军主力战舰已达到120余艘。1651年，英国颁布了《航海条例》，将矛头直接指向了当时的“海上马车夫”荷兰。规定除非用英国的船只载运，否则任何商品都不得输往英国殖民地。伊丽莎白一世时期，英国依靠海盗丰富的战斗经验，建立起“核心舰队”，在1546年创建正规海军，于1588年击败了欧洲最强大的西班牙无敌舰队。此后，英国与荷兰进行了4次战争，其中中间两次荷兰获得胜利。但英国最终从荷兰手中夺得了海上贸易控制权。1620年之后，英国全面确立全球海洋霸权，为大英帝国开辟和保护了广阔的殖民地。1689—1815年，英国与法国之间共计进行了6次大战。在1805年的特拉法加战役中，英国强大的海军力量发挥了决定作用，纳尔逊准将率舰队击溃法国及西班牙组成的联合舰队，迫使拿破仑彻底放弃海上进攻英国本土的计划。

特拉法加海战

（四）德国

现代德国于1871年完成统一后，为了开拓殖民地，占领商品市场，德国各界纷纷鼓吹加强海军力量建设。德国在德法战争中获得大量赔款，为发展海军军备提供了大量资金支持。德国赶上了第二次科技革命的机遇，生产效率获得快速提升，钢、铁、煤等产量跃居世界前列，为海军建设提供了重要和必要的物质基础。

1897年，德国外交大臣皮洛夫提出争夺“日光下的地盘”理论，进一步加强了海军军备建设。1905年，英国开始建造“无畏级”战列舰，

英国“无畏级”战列舰

德国赫尔戈兰级战列舰

德国不甘示弱，掀起了激烈的军备竞赛。1914 年，第一次世界大战爆发，英、德进行了激烈的海上较量，其中包括著名的日德兰大海战。随着德国宣布进行无限制潜艇战，美国对德宣战，德国的海洋争霸计划遭到致命打击。

1932 年，法西斯德国撕毁《凡尔赛条约》，公然大力发展海军，大力发展潜艇部队，并建造了 3.5 万吨级的巨型战列舰“俾斯麦”号。德国潜艇在大西洋、地中海等海战中给盟国海军和商船造成了重大损失。但德国水面舰只大多被封锁在军港中难以出击。1941 年，“俾斯麦”号被英国海军击沉。随着“二战”结束，德国无条件投降，德国海洋争霸的梦想随“俾斯麦”号沉入海底。

第二次世界大战中的德国“U”型潜艇

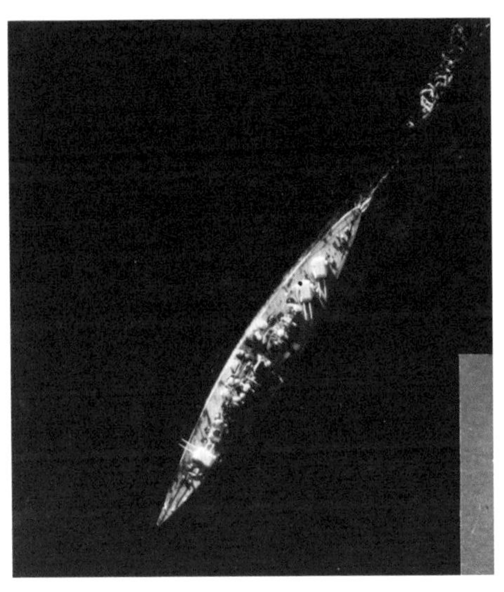

沉睡在海底的巨型战列舰“俾斯麦”号残骸

（五）美国

美国位于北美洲南部，东临大西洋，西濒太平洋，北接加拿大，南靠墨西哥及墨西哥湾。地理位置和海洋空间十分优越，具有发展为海洋大国得天独厚的优势。19 世纪后半叶，美国加强了海军建设，海上力量逐渐进入世界列强行列，但仍落后于英国的传统海洋霸主地位。1898 年，美国通过与西班牙的战争，占据了菲律宾、关岛等地。1907 年，美国派遣大白舰队环球航行，向世界各国展现了美国强大的海军力量和建设全球海军的决心。

第一次世界大战结束后，美国开始对英国海洋霸权进行挑战，计划建设一流海军，要求海上航行自由。在第二次世界大战中，美国在前期保持中立，大发战争财。美国参战后，全球海上力量发生了巨大变化，战争结束时美国海军实力已跃居世界首位，并在全球建立了将近 500 个军事基地。至此美国全面控制了海洋，英国长达两个多世纪的海洋霸权结束。从杜鲁门时代开始，美国海军建设不断压缩规模。1981 年里根总统上台后，美国重新确立了全球性海军战略。苏联解体后，美国对海洋的控制得到进一步加强。目前，美国仍然是全球海洋实力最强的国家。

（六）苏联（俄罗斯）

俄罗斯传统上是一个内陆国家，自从彼得一世起开始谋划实施海洋扩张。1700 年起，俄罗斯与瑞典进行了长达 21 年的“大北方战争”，占领了芬兰湾畔的出海口，建立了圣彼得堡等城市。17 世纪中期开始，俄罗斯与奥斯曼帝国在 200 多年内进行了 12 次以上规模战争，获取了黑海沿海的出海口，建立了塞尔斯托波尔等军港。1860 年，在第二次鸦片战争中俄罗斯迫使清政府签订《瑷珲条约》《北京条约》，夺取了欧亚大陆东端的天然良港海参崴，并改名为符拉迪沃斯托克。在俄罗斯时期，沙皇政府不断夺取海边的土地，但受到各种因素的影响，沙俄始终没有成为海洋强国。

“二战”之后，美、苏两大阵营进行了长达 44 年的冷战。1962 年古巴导弹危机发生后，苏联深刻认识到海军在争夺世界霸权中的重要作用，开始不断加强海军建设，与美国进行了激烈的海上军备竞赛。到 20 世纪 70 年代末，苏联已经建立了一支能够与美国相抗衡的海军队伍。在地中海、印度洋、大西洋等广阔海域进行了持续扩张，形成了苏、美海上争霸的局面。

二、海洋战略家及海洋思想

（一）马克思主义海洋观

卡尔·海因里希·马克思，伟大的德国思想家、政治学家、哲学家、经济学家、革命理论家、历史学家和社会学家，是全世界无产阶级和劳动人民的革命导师。弗里德里希·恩格斯，是马克思的亲密战友，马克思主义创始人之一，被誉为“第二提琴手”。

马克思

恩格斯

马克思和恩格斯批判地继承德国古典哲学、英国古典政治经济学和英法空想社会主义，创立了无产阶级思想的马克思主义。马克思和恩格斯在《共产党宣言》《政治经济学批判》《资本论》等一系列重要著作中，总结了对海洋及人与海洋关系的总体看法和根本观点，形成了马克思主义海洋观。

马克思主义海洋观揭示了海洋的本质属性：海洋是各国共有的大道，海洋的本质体现着人与自然的关系，海洋资源是有限的。海洋为资本主义发展提供物质基础：资本主义发源于沿海地区，资本主义原始积累依赖于海外扩张，资本主义发展的根源在于海上贸易的繁荣。海洋运输是海上贸易的基本条件：是主要的国际贸易运输方式，是经济发展的晴雨表，海洋运输促进现代港口建设和联合组织的发展。海洋是世界历史进程的关键因素：海洋推进了奴隶贸易从而为世界市场提供劳动力，海洋使殖民地不断开拓进而扩展为世界市场，海洋使经济具有世界性。海上力量关系国家的兴衰：海上力量的核心是海军，海上力量影响殖民地获得，海上力量的变化导致一个国家国际地位的变化。

（二）马汉“海权论”

阿尔弗雷德·赛耶·马汉出生于美国西点军校，是现代海权论的鼻祖，曾任美国海军学院教授和 1898 年美西战争指挥官。马汉被认为是美国历史上最著名、最有影响的海军战略理论家和历史学家，被美国史学界称为“海权论的思想家”和“带领美国海军进入 20 世纪的有先见之明的天才”。

“海权论”的鼻祖——马汉（1840—1914 年）

1890 年，马汉出版《海权对历史的影响 1660—1783》，书中通过对 1660—1783 年间的海上战争的追溯与分析，论述了制海权的重要性。随后他又出版了《海权对法国革命和法帝国的影响：1793—1812》和《海权与

1812 年战争的联系》。这 3 部著作被称为马汉“海权论”三部曲。

马汉认为制海权对一国力量最为重要。海洋的主要航线能带来大量商业利益，因此必须有强大的舰队确保制海权，以及足够的商船与港口来利用此利益。马汉也强调海洋军事安全的价值，认为海洋可保护国家免于在本土交战，而制海权对战争的影响比陆军更大。他主张美国应建立强大的远洋舰队，控制加勒比海、中美洲地峡附近的水域，进一步控制其他海洋，再进一步与列强共同利用东南亚与中国的海洋利益。

（三）科贝特“海洋战略观”

朱利安·斯泰福德·科贝特，英国军事理论家、海洋战略家。科贝特与马汉同时代并在西方海军理论界与之地位齐名，著有《德雷克的继承人》《英国在地中海（1603—1713）》《七年战争中的英国》《特拉法加战役》《海军战略的若干原则》和《世界大战中的海军作战史》等海军史学与战略著作。

英国海洋战略家科贝特（1854—1922 年）

科贝特的海洋战略观分别从国家战略、军事战略、海军战略的高度，自上而下，严密地对英国的海洋战略进行了推理和论证，是一个内容完整、结构严谨、层次分明且极具逻辑性的战略理论。科贝特的海洋战略观认为国家在不同历史时期应有不同的海军战略与之相应，因此刻板教条地遵守马汉海权论中“舰队决战”是不恰当的，甚至是有害的。“海洋战略观”实际上超越了马汉的海权论，更符合英、美这样已经拥有全球海洋霸权的国家战略发展。

三、当代蓝色圈地运动

（一）蓝色圈地运动不断加剧

1945 年，美国总统杜鲁门发表《大陆架宣言》，主张美国对邻接海岸公海下大陆架地底和海床的天然资源，拥有管辖权和控制权。随后，以拉美地区为主的一些国家纷纷提出对大陆架权益的要求。20 世纪 70 年代以来，沿海各国抢占海洋国土的局面更加混乱不堪，一些濒临辽阔海洋的国家提出了几百海里控制权的要求。在这种形势下，很多国家因为宣称的海域有大量的重叠展开了反复而尖锐的争斗。经过长期的斗争、辩论与争夺，1982 年通过了《联合国海洋法公约》，成为以后通过法律手段争取海洋权益的重要参考依据。1994 年，《联合国海洋法公约》正式生效，其最大的成效就是使当今世界公共海域不断“国土化”。《联合国海洋法公约》的正式生效也标志着新一轮“蓝色圈地”运动的开端。

《联合国海洋法公约》确认了“群岛国”概念，使许多以前属于公海的海域成为群岛国家的内海；确认了“专属经济区”概念及其延伸宽度为 200 海里；重新定义了“大陆架”概念，并把大陆架扩展到最远可达 350 海里，不足 200 海里的沿海国也可以扩展到 200 海里。这样，地球上原有的 3.6 亿平方千米的公海，将有 1.3 亿平方千米被沿海国瓜分，约占原有公海总面积的 36%，而地球上的陆地面积也只有 1.5 亿平方千米。这片被瓜分的海域，恰好是人类最具开发和利用价值的海域，其生物资源占海洋总储量的 94%，石油储量占 87%，并覆盖了几乎所有海上交通咽喉要道。

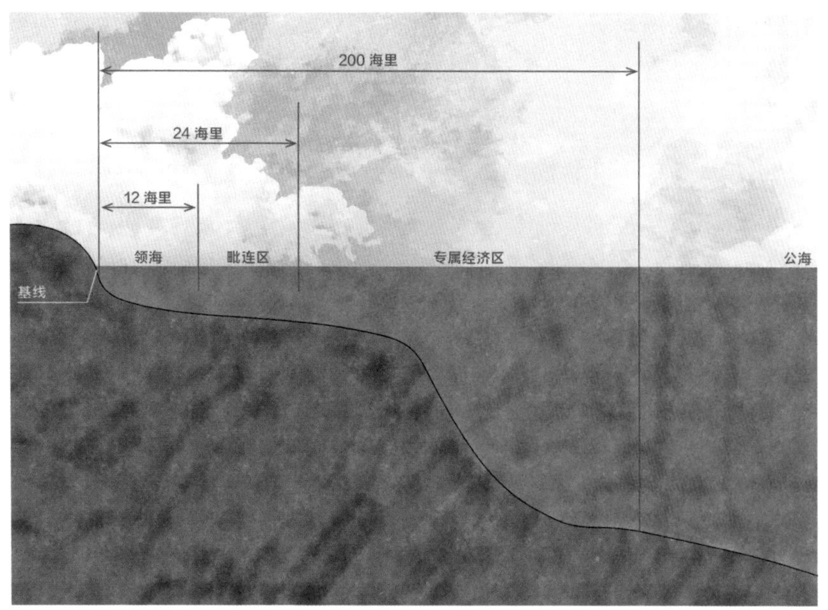

《联合国海洋法公约》对领海和专属经济区的解释

（二）“外大陆架”划界

根据《联合国海洋法公约》第七十六条，沿海国陆地领土向海洋的自然延伸如果超过其领海基线 200 海里以外的，可以主张 200 海里以外的大陆架，简称“外大陆架”。据不完全统计，全球主要海洋国家已向联合国大陆架界限委员会提出了 80 余项申请。包括俄罗斯、英国、法国、日本、印度尼西亚、菲律宾、越南和马来西亚等。中国常驻联合国代表团 2012 年 12 月 14 日代表中国政府向联合国秘书处提交了东海部分海域 200 海里以外大陆架外部界限划界案。

1993 年，澳大利亚加入《联合国海洋法公约》，向联合国提出扩展约 280 万平方千米外大陆架海洋国土的申请。经过 15 年的勘测和反复谈判，2008 年联合国批准澳大利亚经济水域扩大约 250 万平方千米。新增加的大陆架主要分为 9 块，其中 6 块环绕在澳大利亚的东、南、西三面，另有 3 块在南极洲附近。9 块中最大的一块在南极洲的西北部。澳大利亚成为世界上第一个根据1982年通过的《联合国海洋法公约》而获得专属经济区超过200海里的国家。

（三）北极

北极泛指地球上北极圈以北直至北极点的地区，面积多达2 100万平方千米。北极常年被冰雪覆盖，大航海时代以来，人类对北极进行了反复的探险活动。随着对北极地区地理轮廓的精准描绘，其战略意义、资源和空间等问题吸引了各国越来越多的重视。

2007年，俄罗斯杜马副主席、北极考察团团长奇林加罗夫驾驶“和平-1”号潜艇下潜到4 361米的北冰洋海底，潜水员在海床上插上钛金属国旗，表明俄罗斯对该地区的控制权。俄罗斯这一举动在国际社会，尤其是在其他4个毗邻北冰洋的国家——美国、加拿大、丹麦和挪威中引起轩然大波。紧接着加拿大政府在2007年10月16日宣称计划绘制北极地区海床地形图，来证明北极大部分地区属于加拿大。

（四）海底矿产资源开发

以深海为主的国际公共海域是地球上最后的归属未定空间，约占地球总面积近一半，蕴藏着海量矿产资源。目前在国际海底管理局备案开采的深海金属矿产主要包括多金属结核、多金属硫化物和富钴结壳等，法国等欧盟国家已将深海金属结核资源视为现有铜等金属矿产的未来代替品。早在2000年，加拿大鹦鹉螺矿业公司就已宣称对巴布亚新几内亚约2 000平方英里海床拥有开采权。韩国通过国际海底管理局获得了印度洋公海的海底热水矿床和西太平洋的公海深海锰结核矿区。